U1000708

岳西翠兰

佳茗似佳人

储劲松　主编

黄山书社

图书在版编目（CIP）数据

岳西翠兰：佳茗似佳人 / 储劲松主编. -- 合肥：
黄山书社, 2022.10
ISBN 978-7-5737-0348-4

Ⅰ. ①岳… Ⅱ. ①储… Ⅲ. ①中国文学—当代文学—作品综合集 Ⅳ. ①I217.1

中国版本图书馆CIP数据核字（2022）第187113号

岳西翠兰：佳茗似佳人
YUEXI CUILAN JIAMING SI JIAREN
储劲松 主编

出 品 人　贾兴权
责任编辑　张月阳
插图绘制　刘文才
责任印制　丁士斌
装帧设计　有品堂_刘　俊
出版发行　黄山书社（http://www.hspress.cn）
地址邮编　安徽省合肥市蜀山区翡翠路1118号出版传媒广场7层　230071
印　　刷　安徽新华印刷股份有限公司
版　　次　2022年11月第1版
印　　次　2022年11月第1次印刷
开　　本　787mm × 1092mm　1/16
字　　数　230千字
印　　张　16.5
书　　号　ISBN 978-7-5737-0348-4
定　　价　88.00元

服务热线 0551-63533706
销售热线 0551-63533761
官方直营书店（https://hsss.tmall.com）

版权所有　侵权必究
凡图书出现印装质量问题，
请与承印厂联系。
联系电话：0551-65859551

《岳西翠兰：佳茗似佳人》编纂委员会

总 策 划：江春生　何　斌
总 顾 问：汪从永　方志国
策　　划：江学文　余　飞　许洪斌　刘亚维　张　虹
顾　　问：陈浩浩　程松树　徐山梅　刘永林

主　　编：储劲松
副 主 编：沈足芳　黄亚明　吴传兵
编　　委：王贻峰　王扬颂　邓柏林　齐岳松　朱　翠　沈足芳　陈尊庆
陈　栋　吴传兵　崔栋梁　黄亚明　程放萍　储先亮　储劲松
（以姓氏笔画为序）

法律顾问：刘光耀

审定单位

岳西县文学艺术界联合会
岳西县农业农村局

协作单位

岳西县档案局
岳西县供销合作社联合社
岳西县融媒体中心
安徽皖岳投资集团有限公司
河图镇人民政府
古坊乡人民政府
姚河乡人民政府
岳西县文物保护中心
岳西县图书馆
岳西县文化馆
岳西县作家协会
安徽翠兰投资发展有限公司

兰茶相生

翠兰飘香

果老岭茶

雪山庵茶

石佛神茶

竹山茶绝

黄大茶香

品茗思乡

以茶为媒

茶禅一味

茶马古道

茶商成军

舟车相继

序

无事喝茶，有事也喝茶。清晨喝茶，良夜也喝茶。独处喝茶，群聚也喝茶。居乡喝茶，行旅也喝茶。晴天喝茶，阴天喝茶，雨天喝茶，雪天喝茶，梦中逍遥于太虚幻境，离恨天上也不忘喝一杯清香四溢的茶。于嗜茶人而言，茶无日不宜，无时不宜，无地不宜；喝茶是享清福，清香之福，清爽之福，清贵之福。

肉身本浊，以清茶浇之，胸中山川丘壑历历，可抵十年尘梦，造化特别钟情者，甚至可以羽化而登仙班。

喝的多是故乡茶，岳西翠兰。

她说：我从山中来，带着兰花香。

天下茶品何其多，绿茶、红茶、黑茶、白茶、黄茶、乌龙茶，品品有好茶。南方千里峰峦万里沃野，莫莫高山深谷逶迤，谷谷生嘉木，山山产佳茗。他乡茶未必不好，只惜多数时候嘴不够长，够不着。偶尔得着一点，煮、煎、点、泡，自然不得良法，接近暴殄天物。最可恨的是，尚未品咂出幽微妙处，茶筒已然见底也，好不懊恼惆怅。其情态，一如天蓬元帅食人参果。家乡茶则不会，冲泡技艺纯熟，也不愁来路。

人人都说故乡好，人人都说乡茶香。情结使然也。故乡是根，是本，是来处也是归宿。一个人无论如何高车驷马富贵荣华，假若厌弃故乡，必被人所不耻。猫狗尚且不嫌。故乡风物天生地长，是最亲切也最顽固的记忆，无论如何粗陋如何卑微，也无可替代。比记忆更可靠的是舌头和胃，儿时的一饮一啄，对饮食、味道的偏好伴随终生。于茶，我最钟爱的还是岳西翠兰。

南人居山者，秉性多朴野，多好客，山家待客一杯茶。

昔年家境贫寒，幸而生在茶乡，茶是有的喝的。母亲天麻麻亮时起来，洗了手脸收拾妥帖，头一件事就是烧水泡茶。水是屋后的山泉水，茶是自家采制的炒青。一大把炒青放到茶瓶中，灌满开水，盖上瓶塞，半刻后倒出来，黄而亮，酽而香，喝起来先苦后甜，极是解渴消乏。有客登门，无论贵贱亲疏，不管识与不识，哪怕是走江湖的杂耍人、货郎、匠人、托钵僧、风水先生、逃荒者，父母必以袖抹凳，笑盈盈招呼落座，随即从竹碗柜中取出一只蓝边粗瓷老海碗，倒上一碗茶，双手恭恭敬敬递到客人手中。一碗茶里，有人间最美好最恳切最朴素的情意。

奉茶之外，还留饭。乡人常说："大门楼子是筷子撑的。"意思是说，青砖红墙、石狮旗杆、门当户对撑不起门户，但竹筷子可以，填饱客人肚子是最基本的待客之道。二十世纪七十年代，山里人家日子过得清苦，日常多以山芋和园蔬为食。客人来了，主妇倒柜翻坛，把珍藏多时的鸡蛋、挂面和腊肉找出来，做一海碗硬嘟嘟的葱花瘦肉面，碗底还卧着两只荷包蛋。客人吃得闷饱，嘴唇油滋滋的，头面热乎乎的，身上香喷喷的，临别打着饱嗝，三致意焉。自家孩子也跟着沾光，得着小半碗面汤，里面有七八根面条、三两朵油花，抹抹嘴巴，欢喜雀跃四处宣扬。这样的慷慨人家，家道必旺相，后代多出人物。反之，后裔多潦倒于本村，或落魄于他乡。

多年以后想来，人生并不复杂，茶饭而已。

岳西的茶，其源远矣，至迟可以追溯到先秦两汉，唐宋时代誉满天下，记载见诸《桐君录》《茶经》诸典籍。宋朝设六榷务十三场，专事东南榷茶，岳西罗源场是十三场之一，足见当时本地茶事之盛。茶香缥缈两千余年，绵历至今，茶业更加光大。二十世纪八十年代，本地茶人苦心孤诣创制新品岳西翠兰，其形如兰，其色如兰，其香如兰，其味也如兰。仿佛古越国句无苎萝村的小女子西施初长成，无双品貌天下羡。仿佛元稹诗“锦江滑腻蛾眉秀，幻出文君与薛涛”，皖西南的青绿山水，幻化出茶中上品岳西翠兰。以翠兰为代表的岳西茶，再次饮誉四方，甚至走出国门。

翠兰，山里纯良人家及笄小女儿的名字，叫起来亲切，听起来悦耳。每每念起，就想起苏东坡的绝妙好辞：“戏作小诗君勿笑，从来佳茗似佳人。”古今以佳人作喻体的比喻，可装几箩筐，大多俗不可耐，引人发笑；苏子以之比茶，神来之笔也。味之咏之，可抵百年尘梦，千年尘梦。窃以为，诗中佳茗若是翠兰，更是绝配。

这也是一点私心作怪。私心谁没有呢，诸君且宽宥之。

古人远行，常携一抔故乡的泥土，仿佛把井栏和田畴随时背负在身上。思念乡园时，捧出来望一望，闻一闻，故乡的山川屋宇、桃花人面尽在眼前。肠胃不适的时候，拈一指肚泥土，送到舌尖上舔一舔，周身表里顿时通泰。今人如我出远门，不带泥土，带一筒岳西翠兰。故乡茶可以止渴，可以怡神，可以慰乡思，还可以医治水土不服。故乡的茶与故乡的泥土一样，也有神奇的功效。

若是带一瓦罐故乡的山泉水就更妙了。

古代雅士善识水质，所谓“能辨淄渑”。唐人陆羽说，山水上、江水中、井水下，又把天下的水分为二十等。宋人欧阳修、苏轼、黄庭坚、秦观最爱无锡惠山泉。明末闵老子与张岱在秦淮河边的桃叶渡斗茶，说“诸水到口，实实易辨”。诸贤学问淹博，叫今人有望尘之叹。这些年我走过一些地方，喝过很多地方的水，没有辨水之技，但于水质清浊、水味甜涩是约略知道一些的。以为冲泡岳西翠兰，故家的泠泠山泉是天下第一佳水。这么说，并不全然是私心，就如湖水煮湖鱼，一地风物，相生相克，相互成就，理之常也。

常饮岳西翠兰者，享五福：寿，富，康宁，攸好德，考终命。

善品岳西翠兰者，四者可并：良辰，美景，赏心，乐事。

喝岳西翠兰而著岳西茶文章，几近于道。

道在茶里，道在文中。

是为序。

储劲松

二〇二二年中秋于岳西

目录

卷一。名家笔会

卷二。专家论道

卷三。本土佳构

卷一 ◦ 名家笔会

刘醒龙

湖北黄冈人。全国知名专业作家，享受国务院政府特殊津贴。现任中国作家协会小说委员会副主任，湖北省文学艺术界联合会主席，《芳草》文学杂志主编。出版长篇小说、长篇散文及各种文集百余种，曾获茅盾文学奖、鲁迅文学奖和老舍散文奖。

一座山，一种茶

隔着大别山分水岭，岳西境内的水向东注入长江。

分水岭的另一边，我生活过三十多年的地方，大大小小的河流也是注入长江，却依着苏东坡“门前流水尚能西”之言，全部向西奔流。

南临长江，北枕黄河，中间贯穿淮河的大别山，用一道分水岭，显出与其他名山大川的不同。那些东西走向的山脉，南坡都很平缓，北坡都很陡峭。大别山没有南坡，也没有北坡，只有东坡与西坡，相邻地段，要陡全陡，要缓都缓。高高的分水岭两边，看上去有各州各县的区别，地脉与气象，却一般无二。就连吃的喝的穿的戴的，几乎也是不分彼此。一杯酒，一样的醉人。一盏茶，一样的沁心。小河里游着的小鱼儿，外面的人都不晓得叫什么名字，山两边的人一样地将长有花纹的叫作花翅，没有花纹全身纯白的则叫马口。

虽然如此，由于人缘际会，一道分水岭还是区隔出一方熟土，一派生地。这一点是人性中最无计可施无法对付的。比如我们家，从长江边的古城黄州搬迁到大别山主峰天堂寨下，几十年过去，熟土生地的概念，依旧了然于心。就算是长辈如爷爷、父亲，进山之后，一生无甚嗜好，单单爱上饮茶，唯山中才有出产的这类珍宝，也无法改变事关乡土的生熟理念。

在此之前，但凡去到一个陌生的地方，我一向惜字如金，轻易不多说一句话，当然，也是不放心自己才疏学浅，没有见识，弄出贻笑大方的事情来。在岳西的那几天，难得话多。往往是当地人说一句话，自己就会接过话题，也不管其他人想不想听，自顾自地说上几十乃至上百句。

所说的话全与记忆相关。这也证明了，那看似陌生的人文地理，只要不是物理性失忆，也不是精神性失忆，忽一日被某人某事搅动了，深埋的岁月便会重新活跃起来。

失忆是一件可怕的事，但还没有达到恐怖的程度。用自我宽慰的角度来看，失忆是人生的重写与重塑，还可以看成一种重生。旧时真实，过往历史，由于失忆，从生理上彻底切断那一步一个脚印的脉络，不得不像新生儿那样，在空白的脑海里重新充填种种酸甜苦辣，样样喜怒哀乐，离离爱恨情仇，以及终将免不了的生老病死，宛若又活了一回。

相比之下，真正令人难以接受的是对记忆的篡改，不管是无意，还是有意，更别说是恶意。记忆被充分修改过、被刻意戏剧化的人生，是给别人观赏的，无非想光鲜亮丽些，门第高贵些，够得着天才些，或者相反，卖惨多些。后一种篡改，数量相对较少，人有所闻，大都当成谈资一笑了之，比如现时电视节目中的那些套路。前几种则不同，那层伪饰一旦被捅破，必定遭人嫌弃，比如大庭广众之下，一身酸腐，硬要往儒雅堆里凑，到头来连鼻子都讨厌自己的嘴脸。

人如此，山水亦如此，万物皆不能例外。

一处奇妙山水，因为天灾人祸，弄得山没有了绿植，水没有了清幽，但只要天时地利人和都到位了，假以时日，该长树的山坡又会长出树来，该开花的山坳也会重新灿烂，如同失忆后重获新生，不记得之前的各种模样不要紧，只要后来活出的模样不是太离谱就值得庆幸。怕就怕不管三七二十一，将别处的所谓好东西生搬硬套地拿来，比如将黄河边的牡丹移栽在长江畔，喜欢弱碱性土壤的花草，即便是国色天香，也经不起长江水流过的那些弱酸性土地的宠爱。

在分水岭的西边，苏维埃时期，曾经有个红山中心县委，下辖英山、霍山、太湖和潜山四县。很多年，史料一直这么写。上中学时很奇怪，被这四个县团团围住的岳西县哪里去了，是不是由于岳西境内对手势力太过强大而无法高举镰刀斧头让红旗飘飘？不知从什么时候开始，对苏维埃时期的红山中心县委又有了新的说法，其管辖范围不是四个县，而是五个县，这第五个县就是岳西。如此看起来释了自己心中之疑，所带来的是更加疑惑之疑。这一次来岳西，身临其境，听说岳西作为县域，始于一九三六年，这才像对待失忆那样豁然大悟起来。还是与分水岭有关，从各地开始发展第三产业，大办生态旅游开始，大别山一侧的人忽然众口一词，千方百计要将大别山主峰天堂寨从人们的记忆中篡改了，自欺欺人地换成另一座山峰。往重里说，这叫数典忘祖，轻一点说，也还是对人文地理的轻薄无知。

失忆是一种万般无奈的疾患。

出于某种利益蓄意篡改人类记忆，是对文明的冒犯。

纵横南北的大别山，靠近主峰天堂寨这一带，分水岭格外高，甚至还有海拔略高于主峰的山头，这也难怪会有人替其出头，不顾地理常识，无论人文历史，非要弄一出争长夺嫡的大戏，闹腾出来的那种天昏地暗，非要动手翻阅《中国地图册》，才见得到真理的光辉。说归说，闹归闹，分水岭再高，东西两侧的自然生态与人群习性，仍旧差不多，松竹梅兰，鸡犬牛羊，山峰河谷，房舍稻场，若无地名标记，很难看出有何不同。

一样的大地，一样的云雾，生长着一样的好茶。高中毕业后的第一年，我在县水利局当施工员，负责修建的岩河岭水库，就建在离分水岭不到两百米的山谷里。走过这两百米，就是岳西地界。山坡之上，都种着茶树。

仅凭长在天地间的青枝绿叶，根本无法分清彼此。采好了茶，拿回家来制作，那方法，那味道，也是彼此不分，甚至连采茶时讲的笑话都是一样的。

分水岭两边的男男女女，都说各自省城的人喜欢某年某月某日某次送去的茶，隔年捎来信息，再要一些如此采摘、如此制作的新茶。那些茶，新鲜娇嫩自然没得说，都是早上从茶树上掐下芽尖，一点也不耽搁，连炒带揉，一气呵成，热乎乎地装进塑料袋，一点潮气也不让吸入。封装好便上路，第二天，最晚是第三天，就到了武汉与合肥城中那些人的茶杯里。分水岭上的笑话，笑的不是茶本身，那得天地日月精华才生出来的一点点芽尖，是物华天宝世界里又一神品，配得上任何一种高规格的尊重。他们笑的是人，这也包括他们自己。两边省城里最受欢迎的茶，是他们追赶季节，在田里薅着秧，在地里割着麦，只能趁着中午休息，洗一洗手脚上的泥土，将早起露水重，没办法薅秧，也没办法割麦，正好采回来的一些茶，用染上麦秆香的两手在锅里炒，用带着泥沙味的双脚在石板上搓，偏偏这么做出来的茶，深得省城里的人喜爱。在他们眼里，自然是要多好笑，有多好笑。

居住在大别山中越来越嗜茶如命的父亲，宁可省吃一餐饭，也要先饮一杯茶。在他看来这笑话也是大实话，与省城的人不一样，父亲分明晓得什么样的茶是用手脚搓揉出来的，却也改不了由衷的喜爱。直到快七十岁时，父亲才一怒为新茶，生气地不再碰那些本地的茶了。父亲曾用十几年的时间，与当地人一道打造一处颇有名气的茶场。父亲从工作岗位上退下来时，当地恰好刮起一阵给茶树更新换代的风潮，将大自然通过优胜劣汰法则留存在当地的茶树，全部换成产量高、出茶早的福鼎大白茶。父亲带领众人打造的那座茶场，顶了几年，终于还是扛不住上面的政令。来自远方，经过所谓高人加持的茶，看着光鲜，门第也高贵了，天分够可以的，可就是口味大不一样。父亲不再喝本地茶，我们也不再喝这种外来的本地茶，连省城里的那些人，也不再津津乐道于这里的茶了。

十年过去，又一个十年过去，虽然嘴里说不喝本地茶，每年新茶上市，还是要尝试几杯。时间长了久了，越来越喝不出想喝的那种味道。二〇二二年夏至节气的晚上，在岳西小城忽然遇见那名叫“翠兰”的香茶。听主人殷勤地介绍许久，禁不住想试试口味。将一只小小白瓷茶杯放到嘴边，轻轻地呷一下，再浅浅地抿一下，然后缓缓地咽下一口，一股绵长的韵味在全身迅疾弥漫开来，禁不住那点惊喜，脱口说道，好久没有喝到这种味道的茶了！我说的这种味道自然只有我晓得！正如夏季里挥汗如雨顶着烈日在田野上劳作的那些人，存放在田头地边的大土罐里的凉茶，用一只大碗倒满，双手捧起来一口气喝下去，才是今生今世最香最爽的好茶。不同人的不同经历，决定了他们的味觉。很多时候，味道就是历史，就是人生，就是活色生香的日子，就是那载不起的太多情怀。

泡茶的女主人接着我的话感慨了一句，大概意思是，茶的好与不好，其实都在于品茶人的记忆！与天价无关，也与白菜价无关。回头再想，真的是如此！爷爷、父亲和我，对茶的迷恋，说到底是对那种味道的不肯忘怀。那味道在，那样的日子就没有伤破与折损。记忆不再，相关品质也就无从谈起。

沿着大别山的分水岭，天堂寨是山的味道，花翅与马口小鱼儿是水的味道，岳西的翠兰是这里的山水惬意与伤情，劳作与闲适，消磨不掉的味道。爷爷、父亲和我，曾经喜爱过的茶，曾经因为喜爱遍寻不得的茶，所承载的何止是茶，而是一家人从长江畔到高山下的家史与人生。

一座山成为主峰，必须具备地理与人文的双重要素。

历数起来，天堂寨作为大别山主峰而非最高峰，不仅不是个例，恐怕还是众多著名案例中排不上号的。比如将天下分为南北的秦岭，谁敢否认其主峰不是太白山，然而，世称中华龙脉，西起昆仑，中经汉水，分隔长江与黄河流域的大秦岭，莽莽山脉西段上的措美峰，海拔高度接近五千米，而海拔只有三千七百六十七米的拔仙台，一下子就矮了一千好几百米。又如，以险峻著称的华山最高峰是海拔两千二百米的落雁峰，古往今来人所共识的主峰却是海拔只有两千零八十二点六米的莲花峰。再如天山的主峰是海拔五千四百四十五米的博格达峰，最高峰是海拔七千四百四十三点八米的托木尔峰。还有冈底斯山脉的主峰是海拔六千六百五十六米的著名神山冈仁波齐，其最高峰冷布岗日海拔高度为七千零九十五米。那从新疆到青海，绵延两千五百公里的昆仑山，向来以海拔六千一百七十八米的玉珠峰为主峰，其近处的冰山之父——慕士塔格峰海拔就超过七千五百米，虽然人称海拔超过七千六百米的公格尔峰为昆仑山最高峰，从广义的角度看，喀喇昆仑山脉海拔八千六百一十一米的乔戈里峰才是真正的最高峰。

词典上说，主峰一般是指最高峰。

但词典没有斩钉截铁地表示主峰就是最高峰。

也是在水利局当施工员的那一阵，我有差不多半年时间，在做一项名为“送高程”的测量工作。说白了，也就是十几个人，有人操作水准仪，有人拿着专用的记录本，还有人扛着几米长的水准尺，从国家测绘局早年测得的某个大地控制点开始，十几米为一段地，将测得的海拔高度，一段段地往前送，直至抵达某个目的地。这样的测量小队，一般会分成两队，早上出发后，各自选择线路，天黑后到一起碰头时，测得的最后一个点，须在同一位置上，且两个数据的误差不可以超过几毫米。如果达不到标准，这一天就白干了，还得从头再测一遍，直到符合要求为止。

那一年，我们这支小小的测量队伍使用的黄海高程，来自西河边一个叫夹铺的地方。从黄州城里来的那位工程师，依据一个从不公开示人的小册子，在一户人家的辣椒地里，找到一个镶嵌在岩石上的金光闪闪的小铜球，将红白相间的水准尺竖在上面，开始一步一步地往我们要去的目的地“送高程”。这一年的黄海高程还是依据一九五〇年到一九五六年青岛验潮站掌握的黄海验潮资料确定的。在验潮站内有一口直径一米、深十米的验潮井，将之前几年每天早中晚三次测的数据算出数值，求得井里横按铜丝下面三点六一米处为黄海平均海面的零点。再根据这个数学零点，在附近的观象山上设立一个如同我们在农家菜园见过的小铜球那样看得见摸得着的原点，标计高程为七十二点二八九米。领我们“送高程”的工程师视为命根子的小册子上的水准点，在全国各地有很多，被统一称为大地测量控制点。我们不清楚这样的点有多少个，只知道所有相关控制点的数据，都是像我们做过的那样，由观象山上的原点，通过千人万人一步步地将黄海高程送出千里万里。到了一九八五年，有关部门以青岛验潮站收集到的更多的潮汐观测资料为计算依据，在“一九八五国家高程基准”名义下，将观象山上的水准原点高程确定为七十二点二六〇米，就是说，新原点比旧原点低二十九毫米。事关国计民生的海拔高程原点，尚且如此大费周章，崇山峻岭中千百年来荒无人烟的野山，好不容易才能爬到近处某个山头，用这山望见那山高的肉眼看一看，差不多就行了。

作为过来人，我很羡慕当下可以通过太空卫星，点一点鼠标就能测得任何一座山峰的海拔高度。我们的祖先，为一道山脉选定主峰时，不曾想到后来的我们会发明这种“送高程”的方法，将中华大地的海拔高度，统一以黄海边的那个点为基准。他们能用到的方法，只是人的双脚所能到达，当人的双脚有所不能时就看鹰的翅膀能不能到达。在这些勉强能够量化的因素背后，还有一个更加重要的因素。

还是以秦岭为例，拔仙台距强盛的汉唐王朝都城长安，直线距离不过数十公里。那时节，遥远的措美峰连白云也抵达不了，山上山下没有李杜的声响，又如何能让诗文为之歌咏传诵？也就莫怪有资格著书立传的文人只晓得拔仙台，而用此山做了秦岭主峰。天山主峰博格达峰到乌鲁木齐的直线距离也只有几十公里，地理位置十分重要，在茫茫大漠上，银光闪耀的博格达峰，成了谁也改变不了的路标。一七五九年，清政府颁布《博格达鄂拉祭文》，将博格达峰作为每年要祭拜的名川大山载入祀典，视博格达峰为西部边陲镇山，每岁清明前后，由京城颁发藏香，令巡抚望祭于红山，如斯如此，不为主峰，还有谁个敢抛头露面取而代之？再说说天堂寨，一九七三年夏天那次“送高程”，目的地是天堂寨山脚的张家嘴镇，为后来在此地修建大型水库做前期准备。“送高程”的行动表明，人口众多的小镇都没有符合科学的海拔高程，高高在上，人空手都难爬上去的山顶，人们口中的海拔高度，分明只是不管三七二十一，八九不离十。这样的天堂寨能够标记成国家地理中的主峰之一，靠的是知名度，毕竟唯有此山出过一位替大明王朝打下坚实基础的“天完”徐皇帝，还有一位口称“统掌山河，普安社稷”，几乎摇动“乾隆盛世”的马大王，有这样的轰轰烈烈，若问主峰，舍我其谁？

高峰出于自然科学，主峰重在人文情怀。

自然环境里的高峰，不宜于在人文领域喧宾夺主。

人文领域中的主峰，也不要与自然环境论低争高。

一种茶想要成为好茶，也得有着地理与人文的两种关键要素。

二〇〇五年夏天，与一帮同仁到云南昭通下辖的一个地方，那地方因为太过僻远而在旧县志里记载为“彝良县牛街分县”，实话实说，那一带是我这辈子见过的将贫穷日子与自然险恶连接得最紧密的地方。离开牛街分县返回昆明的当晚，被朋友拉去一家茶叶公司品尝普洱，去的人莫不是又累又困，可以泡到二十泡的茶叶，只泡到十几泡时，一行人便决定告辞。回到酒店，正待刷牙，同房间的李师东忽然发问，为何自己觉得满口津香。经他一说，自己立刻有了同感。想起来这就是那普洱的妙处，我们决定不刷牙了，将那津香留在梦中。果然，一觉醒来，津香依旧未散，让人好不惊喜。

第八届茅盾文学奖颁奖后不久，与一群来自北京的作家同在湖北蒲圻（今赤壁市）的羊楼洞镇上。那天在有着百年历史的砖茶厂，一位女作家见到该厂出产的川字牌砖茶，突然失色地惊叫，毫不顾及自己的体面大声问当地人，这砖茶是你们这里产的吗？再三再四地问过，得到的回答都是肯定的。女作家再也控制不住，一时间泪流满面。平静之后她才说，自己在藏北阿里地区当兵十几年，年年冬天前后有好几个月与外界断绝联系，部队上就给每人发两斤川字牌砖茶，一个人孤孤单单地煮着喝，那样的十几个冬天，全靠这川字牌砖茶做伴才熬到春天。一个川字让她以为这茶是四川出产的，离开部队回到北京，特别是这些年，她一直苦于寻找这砖茶而不得，没承想竟然在湖北寻到。

2019年底，久不肯坐飞机的自己，不得不接受中国作家协会的安排，以团长身份带队去俄罗斯。在世界名城圣彼得堡，得知当地近两年流行一个专治妇科病的中国药方：第一味药是穿裤子，第二味药是喝温水。这种在中国早已司空见惯的生活方式，确实治好了一大批俄罗斯女人的病。这也让人想起了茶，当年茶叶刚刚进入欧洲时，达官贵人有疾在身求医问诊时，越是有名气的医生，越是喜欢在药方中写上饮茶二字。大名鼎鼎的《茶经》中写有新安王刘子鸾与豫章王刘子尚去八公山访道，道人设茶款待，二人品过后说，这是甘露，怎么说是茶呢？汉朝的二位王子既然是访道，事事处处都要往长生不老方面联想。欧洲人将茶当成治病良药，也是因为他们心里在想，这神神秘秘的东方物什，一定有着神奇的功效。

分水岭上，不管东边西边，人们纯朴得像一个模子刻出来的。早些年，赶路的人口渴了，干活的人疲倦了，看见哪家门口有女子身影，就会走上前去，称一声大姐，要讨碗茶喝。女子从来不会推辞，转身进屋，拿出一碗热乎乎的茶。如有一点油花漂在碗里，定是从做饭的锅里烧水泡的茶。如那茶水喝着时闻到一股草木灰的气味，定是灶膛里煨着的瓦壶之水倒将出来的。说奇也不奇，喝着人家大姐泡的茶，赶路做事就会多一份气力。有时候，人既不渴，也不累，只因有那么一星半点暧昧之心，放着自己家里的茶不喝，有意去到别人家门前。那样的女子，似明白又不明白，一个在门里，一个在门外，若再亲近些，一个坐在堂屋中间方桌左侧，一个坐在方桌右侧，有一句没一句地说着闲话，讨要的茶喝完了，道一声劳烦，两道目光碰几碰，彼此心里暖融融的。

在云南喝过留有津香伴夜眠的普洱，于羊楼洞女作家恰似老友重逢的川字牌砖茶，欧洲贵族男女以茶来治百病，后汉王子将茶喝成了甘露，更多的饮食男女，用各式各样的理由讨些茶来喝，看上去茶背后的弯弯绕绕很要紧，回头来看，还是茶最关键，没有茶就没有这一切。北朝一位名叫任瞻的才子，少年时就很有名气，南渡之后人变颓废了，国家大事再难入耳，专事究问各种雕虫小技，喝茶时好指着问，这是茶，还是茗？大约是前人有文字指，早采为茶，晚采为茗。西湖龙井，安吉白茶，武夷山大红袍，恩施玉露和利川红，天下之茶，人间道理，被岳西这里保有大别山风情的翠兰女主人说中了，凡是记得住的都是好茶，那些记忆中无法长久存放的茶，名头叫得再凶再狠，还是不行。

各处的酒滋味虽然不算少，却还不及茶叶味道的一个零头。各地的汤品有很多，一样地抵不过茶叶的万千妙处。各种各样的饮品就更多了，能与茶说一说故事的只有奶茶。也不是由于其中有一个茶字，大部分品牌的奶茶，配料中连一小片茶叶尖尖也没有，它们所拥有的是年轻人如痴如醉的追捧，还有与茶有得一拼的润物无声之精神。

所以说，茶叶是植物，制成了茶就不是植物而是一种文化。

前人所言，饮茶有九大困难，一难在制造，二难在鉴别，三难在器皿，四难在火候，五难在水，六难在炙，七难在碾末，八难在煮汤，九难在品饮。其中有些难已过时了，只第九难没有变化。一杯茶慢慢喝到嘴里，并非漫浪散淡，其人须得与茶品相宜。要求为高流隐逸，凉台静室，明窗净几，僧寮道院，竹月松风，晏坐行吟，清谈把卷。一人独啜为上，二人次之，三人又次之，四五六人，是为施茶。这时候就得少放一只茶碗，五人用四只，六人用五只……前人对此也有一种说法："其隽永补所阙人。"在岳西遇见翠兰的那天晚上，人人都不曾少放一只茶杯。因为大别山中茶在某地已经"阙人"，这"隽永"也就无所谓妨不妨碍了。

叫天堂寨的大别山主峰，叫红山中心县委的苏维埃，是江淮之间许多山山水水的记忆所在，失忆不得，更篡改不得。没有记忆就没有文化，没有文化就没有精神，没有精神就没有灵魂，没有灵魂也就等于没有文化。天地通透，山水往复，生死去来，说是这么说，但谁见过真的轮回与再生？一种东西失而复得，要比这种东西的丢失艰难无数倍。分水岭另一侧曾经改种过的茶，即便现今又想改回来，天晓得何时才能重现其文化魅力？幸亏还有翠兰，让山水养育的文华，存续于大别山中，让我们的忆念得以像山前山后的彩虹云雾那样无边无际地弥漫开来。

许春樵

中国作协全国委员会委员，安徽省文联副主席、作协主席，国家一级作家，享受国务院特殊津贴。著有长篇小说《放下武器》《男人立正》《酒楼》《屋顶上空的爱情》《下一站不下》，中短篇小说集《谜语》《一网无鱼》《城里的月光》《生活不可告人》，散文集《重归书斋》等10余种500多万字。长篇小说《放下武器》入围“2003年长篇小说专家排行榜（提名）”“《当代》长篇小说排行榜”，中篇小说《知识分子》《麦子熟了》入选“2011中国小说排行榜”和“2016中国小说排行榜”，5部中长篇小说改编成影视剧，一部改编成舞台剧。曾获安徽文学奖、金盾文学奖、上海文学奖、《小说月报》百花奖、《当代》小说拉力赛冠军等。

在岳西喝茶

岳西酒量大的人不多，去过不下十次，没人跟你拼酒，更没见扛着失重脑袋的，拽住你胳膊跟你炸罍子。

这个夏天，离开岳西后，一个酒喝多了的夜晚，步履踉跄间，幡然醒悟，岳西人不喝酒，是因为岳西人喝茶去了。

都说一个地方需要一张名片，没有名片，就地打造，不弄出点动静来，存在感就存疑。而岳西不需要打造，现成的一张名片：岳西翠兰。

在岳西期间，喝得最多的是茶，看得最多的是茶，谈的最多的也是茶。

如果去皖北，或皖北以北，待客之道，先把酒杯倒满。要是去了山东，坐上桌，主陪、副陪各色酒场主力配齐，剩下的就是谁先喝趴下了。茶在北方，就像一件化妆品，是用来点缀或渲染氛围的，而不会成为一次聚会的主题和目标。省内若去濉溪，去亳州，一下车，空气中，街巷里，酒气若隐若现，酒香左右飘忽，一早见面寒暄招呼，每一个音节中好像都还残留着昨夜的酒味，不喝酒就等于没来过此地，不喝醉就等于没留下记忆，这就像不喝翠兰，就相当于没来过岳西，品不出茶中翠与兰的气息，无异于跟岳西擦肩而过。

岳西翠兰博物馆里的灯光如茶般轻柔而优雅，喝着姚河古茶园正宗的岳西翠兰，来自全国各地的作家兴奋不已。一叶怀抱一芽，叫“怀中抱子”，缭绕云雾中，那一叶一芽汲取了天地之精华，浸透着山水之灵韵，茶杯中碧绿的茶汤，只浅尝一口，袅袅兰香，便如丝如缕，久久回味在口舌之间和无边无际的想象里。

三十年前，我在省城一家报社做编辑，春茶上市，报社给全体员工发福利，一人两斤岳西翠兰，绿色塑料袋包装，据说是一家企业用来抵广告费的。那时候，省城流行黄山毛峰、太平猴魁、六安瓜片等老牌名茶，尤其是我，没喝过岳西翠兰，自然缺少足够重视，茶叶带回宿舍，往纸板箱里一扔，几天后就忘了。一个飘着细雨的礼拜天，省电台的大学同学和晚报社的一位小兄弟拎着卤猪蹄、鸡爪、烤鸭到我宿舍喝酒。进门落座，点上烟，我拿起书桌上的茶叶盒，准备给每人泡一杯毛峰，电台的同学抓起床头纸板箱里的岳西翠兰，说：“这才是好喝的茶！”

第一次喝岳西翠兰的感觉异常尖锐：茶汤碧绿，入口兰香鲜明，味清雅淡爽而又不失醇厚饱满，坚持个性的同时，不乏妥协中庸，喝岳西翠兰，似重温传统文化，如再续“四书”“五经”。

我将未拆封的另一包岳西翠兰装进一个白铁皮茶叶桶内，外面裹了三层塑料布，再用胶带密封好，放在床底下阴凉处（单身宿舍没冰箱），同学说：“过年，拆开喝，跟新茶一样。”老家不产茶，这桶茶过年带回老家，经反复广而告之，就成了全家最珍贵的年货。除夕夜，吃了团圆饭才打开，不懂茶的老父亲喝着兰香四溢的岳西翠兰，咂着嘴说：“这茶汤，比肉汤好喝，怪爽口的！”

此后经年，喝茶偏爱岳西翠兰，翠兰喝完了，再喝其他茶。这就像人们偏爱某种酒、某种烟、某道菜一样，是嗜好，是趣味，也是一种气息与品质的对接和默契。

秦岭、淮河将中国分成了南北，南北既是一个地理概念，也是一个文化概念，当疾走如风的北方人大碗喝酒大块吃肉的时候，临水而居的南方人更多的是在庭院深深的树荫下品尝嫩绿的新茶。十多年前那个杜鹃花盛开的春天，我和作家苏北一起来到岳西明堂山下，记不清是有意安排，还是无意间闯入了一户茶农家里。茶农是一对中年夫妇，朴实而热情，家里有一排石库老屋，屋前是高山密林里蹿出来的一条溪流，溪流里乱石跌宕，水声活跃，川流不息。进屋，屋内光线幽暗，有一口手工炒茶的铁锅，斜嵌在土灶中间，手一摸，锅底余温尚存，原来茶农刚炒好了一锅，锅边有好几个蔑制的大筛子，筛子里是刚出锅的新茶。女主人从溪边提了一壶山泉水回来，水壶是铁做的，锈色斑驳中透露出沉稳厚重。

黄昏来临的时候，山顶上云雾缭绕，山脚下经年不息的溪水声更加响亮了，住在溪边四十多年的茶农说他能听出溪水经过大小石头的不同节奏，这让我们很惊奇。我们坐在屋前溪边的老树下，沐浴着柔软的春风，看天空云卷云舒。过了一会儿，女主人给我们每人端上一杯茶。这位中年汉子说，刚炒好出锅的新茶，用炭火烧开的山泉水泡制的。青花白瓷茶杯的盖子轻轻掀起，一缕清香混合着兰香扑面而来，色泽天然的茶叶在水中绽开花形的嫩芽，茶汤鲜绿，轻轻抿上少许，即刻满口生香。山泉水泡制的茶汤清甜绵软，清冽甘爽，最初感觉是，成语“沁人心脾”肯定是由此得来的，其后就觉得整个人如同脱胎换骨，神清气定，心静如水。

这时候，会很自然地想起北方，朋友们见了面，先握手，后喝酒，上了酒桌，如同上了水泊梁山，双杯、走杯、通关、炸罍子，一直喝得你四肢麻木、天旋地转、东倒西歪、满口胡言乱语，是谓“感情深，一口闷；感情铁，喝出血”。而到了南方，南方的朋友首先考虑的是用什么样的好茶来待客，对于尊贵的客人，每人沏上一杯上等好茶，要是一般朋友或乡亲邻里来了，就泡上一壶茶，然后倒进一个个小杯子里，分而饮之。我们在岳西茶农家接受的就是贵客的礼遇。在岳西，矿泉水是很难卖动的，因为岳西有茶，怎么能喝寡淡无味的水呢，所以，在岳西，所到之处，肯定是泡上一杯绿茶招待，不然就有敷衍和应付的嫌疑。在岳西四天，无论是在茶厂、农家还是乡镇、县城，就没喝过一次矿泉水，就连车上备用的一整箱矿泉水，经过一整天的长途跋涉，基本上也是无人问津。

过了淮河就是南方，南方的岳西也喝酒，但很含蓄，敬酒而不拼酒，性之所至，随意而为，即使喝了酒，酒后的待客之道还是喝茶，喝绿茶，有时也喝红茶，红茶是暖性的，养胃健脾，利于解酒。而在北方喝完烈酒后，即使坐到了茶楼里，也不喝茶，而是喝红酒或啤酒，成捆成箱地喝，是谓涮涮胃，那种雪上加霜的酒精将以最快的速度让你就地趴下。北方人的豪爽体现在先让自己喝倒，一旦主客都喝倒了，那就算是待客的最高境界。

酒让人热血沸腾，茶让人神清气定。北方人粗犷豪爽，南方人精致细腻，这种文化性格的差异突出表现在生活方式的不同，而生活方式不同的典型特征体现在酒和茶的生活细节的选择上。一般说来，酒以“喝”来描绘，而茶则以“品”为叙事形态，喝酒与品茶，动作、姿势、情绪、状态、心境是完全不同的。

喝茶喝的是茶，演绎的是文化。喝茶是有讲究的，客人进门先敬上一杯茶，春夏新茶上市，以青花白瓷为杯，讲究色香味三位一体，而到秋冬季节，品老茶，当以宜兴紫砂杯或紫砂壶泡制，一是保温，二是还原茶叶的原味。在岳西这样坐拥天热氧吧的山区，泡茶的水甚至比茶叶更重要，山泉水最好，次之为井水，而加了漂白粉的自来水泡茶是让人无法容忍的。现在大都市里茶楼林立，而且讲究工夫茶，还无限拔高为“茶道”，估计岳西人是不买账的。

想起那年春天和苏北在岳西品茶，又冒出了一些新感觉。品茶地点不只是一个背景，而是品茶的一个重要内容。春暖花开时，最妙处是在树下，在溪边，在月下。当我们在岳西山区溪边老树下，捧着青白茶杯，临风近水，慢品细饮，沉浸于茶香四溢中时，你就会觉得在城市的茶楼里简直就不能算喝茶。猩红的灯光，暧昧的表情，做作的姿态，混杂的烟酒味让人如同置身于一个封闭的罐头盒里，那种自来水泡制的长途跋涉而来的茶已经被篡改了味道和性质。那顶多算是概念化的喝茶，像是一种仪式。

清代有一把宜兴茶壶，壶盖上刻着“可以茶清心”，这几个字概括了品茶的全部内涵和气韵。它以一个环文句环绕壶盖，每一个字都可以打头：“以茶清心可”“茶清心可以”“清心可以茶”“心可以茶清”。茶酝酿了优雅、宁静、精致、细腻、浪漫的文化性格，也在塑造着中国人“宁静致远”“天人合一”的人文理想。一种生活方式注解着一种文化气质，要想体验这一判断，还是要到岳西来喝茶。

我相信，每一个离开岳西的人，和我一样已有共识：再来岳西，可以不喝酒，不能不喝茶！

岳西有茶自天然

水运宪

祖籍湖北武汉，生于湖南常德。1981年毕业于中央戏剧学院,1985年毕业于武汉大学，学士学位。中国作家协会全国委员会名誉委员、湖南省作家协会名誉主席。代表作《祸起萧墙》获第二届全国优秀中篇小说奖；大型话剧《为了幸福，干杯》由北京人民艺术剧院首演，获全国优秀剧本奖；电视连续剧《乌龙山剿匪记》创全国收视纪录，荣获金鹰电视大奖。历年创作的电视连续剧作品《天不藏奸》《乔省长和他的女儿们》《天下归心》《大抉择》等均获全国性各类奖项。曾先后在国内外公开发表长篇小说15部、中篇小说40余部、短篇小说60余篇，另有《惟天在上》《两山情缘》等散文集问世。迄今为止共计出版、发表作品1000余万字。

我对茶的认识极其肤浅，一直搞不清楚喝水跟饮茶有什么区别。两者似乎是一回事儿。一生都在为生计行走，几乎没在不感觉到口渴的时候坐下来沏一壶茶作品鉴状，至今仍是一介茶盲。

熬到年纪一大把的时候，周围好些朋友陆续入圈成了茶道中人，便刻意培养我为茶友。毕竟时间宽松了，三五茶人品茗论道，那场景倒也温馨，我便洗心革面动了皈依之念。

福建有一作家朋友大名炳根，俨然一位资深茶人。每每笔会相聚他总带上多种精巧茶包邀文友在驻地品茶。他向我传授的第一条经验便是茶具必须专业。这个老兄极认真，行囊中三分之一是衣物，三分之二竟是各色茶具。他会从茶罐中挑选出一款茶叶让大家猜测价格。在我的记忆中，任旁人尽情想象，绝无一次猜得准确。

炳根沏茶的全过程格外具有征服力。水温的

度数、洗茶的次数、留杯时间的长度，各有讲究。尤其想不到往紫砂壶里倒水的时候，还需要把水壶举到一定的高度，叫作提壶冲叶。非如此，茶味便出不来。他还有一手绝技，可以把滚烫的小壶五指握住，迅即分发到每个人的瓷杯中。速度之快捷动作之准确，无人能及。然后他再严格要求我们分三口品尝。第一口量要极少，让茶水在舌尖充分驻留。第二口可让茶水绕齿一周。第三口则须双目平视，吸啄入喉。“脑袋不能上仰，那是喝酒。气定神闲四平八稳，那才叫饮茶。”

必须承认，照柄根兄指引，那茶的味道的确非同小可。细细品尝过后，有朋友说微涩可口，我当即就感觉到舌根清爽。又有朋友说回味沁甜，顿时我便如饮甘露。还有朋友咂舌称赞气味独特，转瞬我就体验到了唇齿留香。

那些年与炳根共同参加文学活动很多次，饮茶的兴趣也日渐浓厚。我的确很幸运，跟高人在一起，初学品茶便入了正道。有一次终于没能忍住，请他为我推荐几种好茶带回家慢慢品尝。炳根特别豪爽，当即就把行李箱中所有的好茶叶悉数相赠，然后嘱咐我一定要珍惜。“这都是茶中上品，可别轻易送人哦。”

回到家中，担心家人胡乱喝掉，我还把茶叶藏于书房。家里没有正规的茶具，特意开车去专门选购了一套宜兴茶具。挑个黄道吉日，洗手焚香，严格按照炳根的传授，如法炮制。

不知哪道程序没有到位，茶泡出来，全然没有炳根那样的味道。在那之前家里也有一些茶叶，闲暇时我也沏上一杯，好像味道跟这也差不太多。当时我就想打电话请教炳根，又觉得不合适。肯定是我的问题。那么好的茶叶竟泡不出味道，可见我何等笨拙。

不久便有一群文友来家里喝酒。饭后我把炳根的茶中上品贡献出来，由一位懂茶的作家掌壶品鉴。他冲泡的技艺跟我从炳根那儿学的方法并无二致，茶汤的颜色也与我泡出来的大同小异，却引得满桌朋友齐声叫好。我看得心里起疑，便用心品尝了几口，味道果然不一样。清香甘醇，妙不可言，甚至比炳根泡得更好。真是怪事。

过后我私下请教过那位作家。他听得哈哈一笑，你以为那是在喝矿泉水啊？什么叫作茶文化你懂不？喝茶那是要有仪式感的。一群茶友正襟危坐，紫壶瓷杯精巧绝伦，丝竹管弦绕梁不息，妙龄仕女玉指弄盏，那种氛围之下制作出来的茶汤还能不好喝吗？想要什么味道就有什么味道。

我不完全赞同这种解释，但又似乎明白了一个道理。所谓文化，说白了就是各种各样的心理暗示。茶文化也是这样。临场氛围和操作程式就是一种暗示。几个人聚在一起喝茶，七嘴八舌的评茶言论尤其重要。人的味觉是可以被引导的。

可惜我常年厮守书房，缺少氛围，更缺乏旁人指引味觉，再好的茶叶放在我这儿也被糟蹋掉了。

早几年应朋友相邀，去到大别山腹地一个叫岳西的山区县采风。那一带生态质朴民风纯正，青翠葱绿风光宜人。刚刚摘除了贫困帽子的干部群众，正意气风发地谋划宏图伟业。

岳西之行走得惬意，还结交了不少好友。只可惜恰逢隆冬，遍山雾霭阻碍了视线，没能尽兴饱览大山风情。远处目不可及，近处的山坡却一览无余。凡经过之处，漫山遍野都是茶树。凭直觉，我感觉到那里的茶叶一定是很不错的。浸漫在群山云雾之中，吸天地之灵气，得山水之精髓，一草一木一枝一叶，绝对不同凡响。

采风结束离开那里的时候，从岳西县走出去的青年才俊胡竹峰有点依依不舍，送我一份当地特产作为纪念。不出所料，那是两盒岳西名茶。我虽然不懂茶叶，却能一眼看出它的华贵。随手拎出来一撮，长短齐整，青绿光鲜，一芽两叶，形态舒展。包装盒上印有“国茶”字样，所言绝无虚妄。国家领导人赠送外国元首的礼品茶，其中就有出自大别山的珍品，名为“岳西翠兰”。

胡竹峰送给我的礼物，刚好就是这种国宾礼茶。他还告诉我说，这种茶保鲜特别重要。回去以后，你得把它放在冰箱的冷冻柜保存。“不是冷藏哦。非冷冻不可。”他一再强调。

由于家里冰箱的容积有限，又觉得把这么好的茶叶跟生鱼生肉搁在一起难免串味，就打了个折扣，放进了冷藏柜。这个决定是非常不明智的。冰箱搁在餐厅里，平时我写作又在书房。没多长时间，居然忘记了贮存菜食的冰箱里还存放着茶叶。

不记得过了多长时间，至少一到两年的样子，家人在清理冰箱的时候才提醒我里面有两盒茶叶。那段日子我对泡茶已经开始感兴趣，只是不够有仪式感，泡不出好味道来。记得在岳西的时候冲泡翠兰茶没那么多招式，便拿一盒到书房，想换个方式喝茶。

因为没有放在冷冻柜里，打开茶叶盒的时候，还有点担心里面的翠兰茶已经不新鲜了。其实也没有那么玄乎。打开盖子，隔着透明的包装袋，里面的茶叶依然青翠。凭直觉我就知道没有问题，茶叶还是那么鲜嫩，质地保持得很好。

有个常识我还是懂得的。绿茶在制作过程中没经过发酵，沏泡的时候水温不宜过高，七十度以上即可。茶具也不必过于讲究，普通瓷杯或者玻璃杯都可以。也用不着使用紫砂小壶，搁杯子里直接冲泡即可。岳西的朋友更喜欢使用玻璃茶杯。翠兰茶叶在水中冲开之后，芽叶分明，自然竖立，特别具有观赏性。

很长时间都在学着喝工夫茶，回过头来品尝岳西翠兰，那种感觉就跟迷路的人找到了家门一样亲切。我的少年时期是在山区度过的，读高小的时候学校就组织我们上山采茶。清润的茶叶气息留在记忆中一辈子都挥之不去。自幼生成的认知，让我觉得那样的气息才是茶叶的正脉。

当然，以前我肯定没有喝过岳西翠兰这样的好茶。茶叶种类繁多，我尤其喜欢绿茶。因为它的优异在于本真。一点都不装腔作势，毫无夫子之气。意境澄明，无须事先营造气氛。味道自然天成，根本不依赖味觉指引。

美滋滋地喝着岳西翠兰茶，再回头打量案头上那一众华丽的紫砂茶具，返璞归真的意义就显现出来了。

岳西六章

荆　歌

号累翁，中国作家协会会员，是文坛20世纪60年代出生的代表性作家。作品集《八月之旅》入选“中国小说50强丛书”。另有作品被翻译成多种语言，多部作品被改编为电影。曾受邀任香港浸会大学国际作家工作坊访问作家。近年发表出版了《诗巷不忧伤》《他们的塔》等多部少儿长篇小说，数次荣登各类好书榜，并获得中国出版政府奖和紫金山文学奖。曾在杭州、苏州、宁波、成都等地举办个人书画展。

一

岳西是近还是远？我打开地图的时候，一只小虫子落在了我的手机上。它从苏州爬到岳西，慢吞吞地，只花了几秒钟。我坐火车，时速两百多公里，有时候三百公里，三个半小时就到了岳西。

说它远，确实有点远，因为它深藏在大别山腹地，一座座山绕着它，一层层绿围着它。青山就像手掌，将它握于掌心。

说它近，其实也很近。虽然未曾谋面，却早已仿佛故人——它是胡竹峰的故乡，常常在他少年老成的文字中露出头来，被我看见，被世界看见。我喜欢一个作家，经常会因此而喜欢他的故乡。卡夫卡的布拉格，普鲁斯特的巴黎，沈从文的凤凰，汪曾祺的高邮。那是这些人写作的秘密，是解读他们作品最容易找到的钥匙。竹峰的广博，他的深情，他古人一样的风流倜傥，即便不是完全拜岳西所赐，也一定与其有着无从割断的联系。他从岳西弯弯曲曲的山路里走出来，他的身上始终带着岳西的湿润和茶香。山路弯弯，是他的掌纹；他的掌纹，是他的文学地图。

二

水运宪说，他喜欢喝茶，喝过各种各样的茶，普通的茶，昂贵的茶。他家里的存茶，多得下辈子都喝不完。但是他说，他还是不懂茶。这是他的谦卑之词，却也不无道理。法国是葡萄酒的国度，许多人都以为法国人很懂酒，其实不然。在法国，绝大多数人日常饮用的，也就是极普通的餐桌酒。名庄酒对许多人来说，只是在特定的场合或特殊的日子才能享用一下的奢侈品。懂酒的永远只是少数。法国大众对列级酒庄好酒的认识，甚至不及部分中国人。而茶之于我们，跟葡萄酒之于法国人的情形亦大致相同。

陆羽说，茶始于神农氏。好吧。汉唐之前，茶其实只是一种草药。作日常之饮用，大抵始于秦汉。唐宋形成了茶文化的高峰，茶在人们的生活中扮演了极其重要的角色，成为中华礼仪文化的重要部分。唐代茶叶贸易极一时之盛，茶叶甚至成为第二货币，茶因此有了“飞钱”的别名。宋代斗茶成风，饮茶之形式和所用之器物皆登峰造极。时至今日，建盏等名贵茶器在我国和日本都被奉为国宝，除了被许多重要博物馆收藏，也在古董拍卖市场上屡屡掀起惊涛骇浪。

在如此深厚丰富的茶文化传统面前，我们常常眼花缭乱，无所适从。谁又敢说自己深谙中华茶文化之真谛？懂只是相对的，学然后知不足。水哥虚怀若谷，他的话，让一向自诩懂茶的我，顿时自惭形秽而无地自容。

“吃茶有趣，闻香识人”，曾经是我特别喜欢书写的两句话。那么好了，与好茶的相遇，跟有缘人的相聚，两者不就是一回事嘛！桃花潭水深千尺，一杯佳茗入梦来。与岳西翠兰相遇，迷上它的饱满醇厚，爱上它似有若无的淡雅清香，便是缘分，又何必深究懂与不懂呢？读你千遍也不厌倦，已经足够。

三

黄梅时节去岳西，我的行囊里装着一本《煮泉小品》，副题是“品茶艺术经典”。我喜欢这本出版于20世纪90年代初的小书。它辑录了包括陆羽、黄儒、赵佶、朱权、屠隆以及我的乡党顾元庆、张源等唐宋以降多位鸿儒雅士关于茶的高论。这本已经被我翻得烂熟的书，平日置于案头，若是来了写字的兴致，便随手取过一页花笺或八行笺，抄录几句，无非附庸风雅。

在离开岳西的列车上，我取出这本熟悉得不能再熟悉的书，一边翻看，一边喝着杯中的岳西翠兰。张源在《茶录》中写道：“茶有真香，有兰香，有清香，有纯香。表里如一曰纯香，不生不熟曰清香，火候均停曰兰香，雨前神具曰真香。更有含香、漏香、浮香、问香，此皆不正之气。”再读这段文字，喝一口杯中之茶，竟发现这茶居然真香、兰香、清香和纯香兼具，真好茶也！

张源还说：“饮茶以客少为贵，客众则喧，喧则雅趣乏矣。独啜曰神，二客曰胜，三四曰趣，五六曰泛，七八曰施。”

列车风行，归程如飘。虽一人独饮赛神仙，但那一刻，快意之中，竟然怀念起“曰泛、曰施”的喧哗相聚，心中不免怅然。

四

在岳西，我用手机拍了很多好照片，给水哥、醒龙、冯艺、竹峰、周聪、李晁、李宁、冯杰、张凯……大家很高兴，表示要在出书的时候用它。

我要说，并非他们长得有多好看，更不是我摄影技术多么高，而是因为，在绿得化不开的岳西，在岳西的好茶荡涤了大家的尘俗之后，他们的表情松弛了，平和了，也有了一丝蒙娜丽莎的神秘了。

对于人像的拍摄，我的体会是，拍摄者一定是要对拍摄对象心怀善意和爱意，方能将最美的表情捕捉到。是的，我对他们充满了友善，尽管很多人其实是并不熟悉的。但是岳西这个地方，这青山环抱的福地，它的气场软化了人心，它就是一个兰花香的无形怀抱，将大家搂到了一起。

五

刘醒龙说，是记忆，让人之所以为人。在岳西的日子，记忆为我们刻下了一些什么呢？是那娇嫩的浸泡在玻璃杯中的翠兰芽叶吗？是那层层叠叠入画的群山吗？还是岳西朋友朴实而感人的友情？

在岳西，我制作了一则灯谜，谜面是“踏花归来马蹄香”，射一人名。谜底便是岳西作家足芳。年华似水，人生如旅，我们的脚，踩着弯弯曲曲的山路，踩着绿色的茶园之梯，登上高山尖，览众山如涌。岳西翠兰的清芬，染香了我们的行旅，洗涤了我们的凡心，更留下了生动而温暖的记忆。

六

翠兰，是一泡好茶，也可以是一个人的名字。我要给岳西写一首诗，或者说是一首歌词吧。说不定哪天有一位作曲家偶然看到，就为它谱写出好听的旋律，然后广为传唱——

群山里的小城
小城里的你
你心里的事，许多许多的事
开心的事伤心的事

是因了一些什么样的人
你心里的人，许多许多的人
亲近的人疏远的人
亲亲疏疏是你什么样的人

弯弯曲曲的山路带我进你的城
飘着一点点雨吹着一丝丝风
淡淡的兰花香里看见的你是一个什么样的人
青青的山青青的茶园
青青的日子里是什么人丢了他的魂

来了又走了
走了还来吗
轻轻巧巧是你小小的身
来了你近了
走了又远了
远远近近就像那青山就像那云
把你当作青山把你当作云
把你当作茶园里的兰香
把你当作那丢了的魂

冯　艺

广西作家协会名誉主席、中国作家协会主席团委员，编审。曾任广西作家协会主席、广西文学院院长等。作品散见《人民文学》《诗刊》《钟山》《花城》《人民日报》《光明日报》《文艺报》等报刊，出版诗集、散文集10余部，其中散文集《朱红色的沉思》《桂海苍茫》分别获第四、第八届全国少数民族文学“骏马奖”等多种奖项。

在岳西，遇见翠兰

岳西，静静地躺在大别山的腹部。

第一次站在大别山上，我忽然生出一种错觉，搞不清自己身在何处。时空错乱，思绪也随之错乱，仿佛跌落鲁彦周和陈登科那个《风雪大别山》深邃的历史悬崖，经历着一场穿越。

认识岳西的过程，好似一部快节奏的电影，镜头不断切换——风雪交加、生死决战、步履维艰、云开日出、高山流水、梯田层层、青山着意……

在竹山古茶园，我遇见了“翠兰”。

“翠兰是名茶，产自海拔八百米至一千米的大别山国家级自然保护区，山上常年云雾缭绕，独特的自然气候使茶芽自然舒展，形似兰花，色泽翠绿，质地鲜嫩，毫芒显露。”安徽省非物质文化遗产“岳西翠兰”（绿茶）手工制作技艺代表性传承人刘会根一边介绍“岳西翠兰”的历史，一边为我沏了一杯茶。刘会根是一位农民，敦厚而淳朴，他曾参与“岳西翠兰”的创制。

竹山味独珍，飘香万里外。刘会根所说的历史，是家乡香炉村一位叫兰花的姑娘的故事。

很久以前，在岳西县姚河乡的香炉村，有位善良又孝顺的姑娘叫兰花。因家境贫寒，兰花以采茶、炒茶为生。一天，兰花像往常一样上山采茶，她在竹山悬崖的缝隙处发现一株茂密的大茶树，树上的芽叶郁郁葱葱。她攀上石缝采茶芽，采完半边又去采另外半边，等到另外半边也采完了，她惊讶地发现之前采的那半边又长满了茶芽！兰花兴奋地把全村人叫来一起采茶，那茶芽总是采不完。久而久之，大茶树成了人们心中的神树，由此制作出的茶叶，称为“翠兰”。

这个故事代代相传，时日一久，成了历史。当然，关于岳西产茶的历史，也是有官方记载的。公元 964 年，北宋朝廷曾颁布《禁私贩茶诏》，规定茶叶官营，并设专门机构管理茶叶的种植、生产和销售。在安徽、浙江等茶区，先后设立了“六榷务十三场”，专事榷茶事宜，如今岳西县温泉镇的资福村，就曾设有“十三场”中的罗源场。

树吸石中泉，古茶挹高风。当我站在悬崖下方，仰望传说中那历经五百年洗礼依然青翠的生命之树，真是“幽借山巅云雾质，香凭崖畔翠兰魂”。

鲁迅先生曾说：“有好茶喝，会喝好茶，是一种‘清福’。不过要享这‘清福’，首先就须有工夫，其次是练习出来的特别的感觉。”很惭愧，即使到了“从心所欲不逾矩”的年岁，我还是没有找到那种特别的感觉。茶道是文人雅士日积月累的修炼所得，有时也要靠一点天赋。

关于喝茶的最初记忆，是小时候每到过年才装得满满当当的茶叶盒。陈旧的绿色铁盒上绘着精致的花朵和树叶，画面上压着一副对联：“趣言能适意，茶品可清心。”我曾反复琢磨这两行字，觉得也可以把它反过来读——“意适能言趣，心清可品茶”。一过年，父母会从供销社买上三四两茶，用旧报纸包得方方正正，带回家后打开，装到那个铁盒里。

父母买的茶是家乡灵山的茶，叫六峰茶，产自悬疑剧《隐秘的角落》中张东升一句“一起去爬山吧”的六峰山。六峰山不高，是广西最好的荔枝“桂味”的原乡，相较于岳西，算不上好茶的产地。

后来，我看到父亲拿起那个刻有“可以清心”字样的坭兴茶杯，沏上一杯茶，并不马上啜饮，要端详一会儿，然后将鼻子贴近杯沿闻了又闻，再轻轻地啜上一口。即便不是好茶，他的感觉仍旧很享受。我偶尔会在父亲的茶杯里抿两口，感觉又苦又涩，由此坏了我对茶的想象和兴趣。

没承想长大后，我与茶结下了不解之缘。无论是居家还是坐办公室，抑或是旅途间的小憩，只要泡上一杯热茶，细细品赏，咽喉中微苦回甘，“心下快活自省”。尤其在南方酷热的盛夏，一杯热茶可刺激毛细血管普遍舒张，可视作简单易行的降暑良方。

如今退休了，茶更不可或缺。每天的第一杯茶在早餐后，爱人去上班，时间尽数属于我。沏一杯茶，坐在太师椅上，什么都不想，喝着喝着就觉得“神”来了，赶忙翻翻书刊。茶越喝越淡，便胡乱吃个无规则的午餐，在躺椅上摇摇晃晃，小眯一会儿。未时醒来，换杯新茶，就着茶点，自得其乐，“神”又回来了。晚饭后，与爱人喝喝淡茶，聊聊闲话，偶尔看部电影，诚如宋人朱敦儒所言：“有何不可，依旧一枚闲底我。饭饱茶香。瞌睡之时便上床。”我的很多老友是雅士，喜欢熬夜，常常约我去茶室；可我已经不能熬夜了，只好不近人情地婉辞。茶能醉人，亦能醒神。

虽然茶喝得多了，可我喝茶的功夫还是没修成。本来我有多副茶具，却因不喜摆谱、懒于拾掇，索性将其冷落或丢弃。我崇尚简单，找一只洁净的玻璃杯，取一小撮绿茶，看着随水汽袅袅而起的茶芽，就如同眼前的这杯“翠兰”——芽叶细嫩紧凑，汤色清澈透亮，氤氳甘醇的鲜爽中带着一缕兰花的清香……

“这是头春的第一拨嫩芽，一叶一芽。尽管刚喝时带有淡淡的苦涩，但回味甘，泡三次自然就清淡了。”

在岳西，我不仅遇见了“翠兰”，还遇见了岳西人胡竹峰。胡竹峰是妙笔著美文、巧舌品好茶的主儿，喝茶的功夫也了得。他对我说，通常“翠兰”只续三次细水，三杯即淡，才是好茶。茶淡了，就换杯新的。

遇见“翠兰”，是福气；遇见竹峰，是福缘。

纵使穿越是虚幻的，但眼前的岳西却真实可感。我被“岳西翠兰”的风韵深深折服，由此享受了一次难得的“清福”。

冯 杰

1964年生，中国作协全委会委员，河南省作家协会副主席，河南省作家书画院副院长。有散文集《丈量黑夜的方式》《泥花散帖》《说食画》《捻字为香》《猪身上的一条公路》《午夜异语》《九片之瓦》《独味志》《画句子》《非尔雅》《北中原》《怼画录》《野狐禅》等。获台湾《联合报》文学奖、《中国时报》文学奖、梁实秋文学奖、台北文学奖等。

岳西有佳茗

1

青年时曾在江南局部闲逛荡过，知道皖南多佳茗。我不懂茶，便也跟着入乡随俗，胡乱吃茶。记得喝过黄山毛峰、太平猴魁、六安瓜片、祁门红茶。多年之后的今日，在皖西南，又遇“岳西翠兰”。感觉有点像在山水拐弯处，喘息之间，逢到一位谈得来的旅友。

我读过茶诗，给茶店抄过茶诗，抄油腻的一句就是“禅茶一味”，不得禅意，哪怕下面摆张麻将桌。我觉得中国写茶诗最好的是卢仝。陆羽是茶圣，卢仝是茶仙。一圣一仙，茶仙更飘逸。

卢诗人让茶生双翼，化为绿云。他的《七碗茶》简直把茶吹到云朵上了，诗人在人间，诗句子就照天上来写。尤其其中那一段，“一碗喉吻润，二碗破孤闷。三碗搜枯肠，唯有文字五千卷。四碗发轻汗，平生不平事，尽向毛孔散。五碗肌骨清，六碗通仙灵”。喝到第七碗停停不能再喝了，若再不罢碗，恐怕要接近仙境了。“七碗吃不得也，唯觉两腋习习清风生。”难怪唐人曾把茶誉为“云华”。

卢仝这首茶诗，让后来我等写茶的俗手诗人望天生津，只剩下咽唾沫的份了。我惊奇的是卢仝竟是河南济源人，济源并不盛产绿茶，只产寓言和成语。我来自“非茶乡”，和卢仝算是广义上的乡党。河南人论茶品水习惯远远不如江南，河南只有信阳产毛尖茶。小时候豫北村里家家都无喝茶习惯，日常里所谓“到家喝茶”之说，多是指喝白开水。

2

名山出佳茗，岳西是茶乡，自然出好茶。岳西建县晚，1936 年才设县，历史上辖区归潜山、太湖、舒城、霍山四县，故陆羽《茶经》将岳西茶列为寿州和舒州茶区。作为宋十三山场之一的罗源场就在当今的岳西，可以说岳西一千年前就是官茶采收与交易的中心，宋代以后，本区为大别山御用贡茶核心产地。

来岳西前，其实我和岳西茶也算有纸上联系。几年前，来自岳西的青年作家胡竹峰，对茶倾心，专门写过一本散文集《闲饮茶》，他为茶事张扬立专，让不懂茶的我来为之插图，我兼染一手绿意，也算沾了茶光。

3

在岳西这段日子里，来来往往喝的全是“岳西翠兰”，登茶山，访茶园，拜茶神，谒古树，身心让岳西茶山绿色洗涤一番，便是洗透肺腑的感觉了。

同道里有内外两类懂茶者，作家储劲松、黄亚明皆本土懂茶行家，听他们不断灌输岳西茶的绿意，来自苏州的才子荆歌也懂茶，把岳西翠兰渲染得像一个茶段子，采风途中他说抵挡不了车窗外一路绿海，晕车了，但喝下一杯岳西翠兰，马上不再晕车，人也焕然一新。

在姚河乡竹山古茶园，见到岳西翠兰手工制作技艺非遗传承人刘会根先生，他是茶专家。和刘大师交谈，知道他比我大三岁，属牛，一直在打造叫“慧根”的岳西翠兰绿茶，取自己名字的谐音。他说，自己炒的茶当年曾被作为国礼送给多位外国元首。

十多年前，他和村里几位茶人跑遍竹山的每一片茶园，细心勘察，不漏掉一棵茶树。几年里，在岳西境内，他们累计发现一百多棵古茶树，后经合肥来的茶专家鉴定，竹山的古茶树每一棵树龄都在三百到五百年。

他特意领我们看了一棵茶龄在五百年的古茶树。古茶树上面挂满红丝带，像一位学子高中状元一般。我问这棵古茶树一年能产几斤茶叶，他说一斤都不到。

比起我看过的那些古柏，这些古茶树看起来很平常。但这些情系乡愁的古茶树独守岳西茶山，过的是另一番草木人生，它们见证着故土风雨。

与那些名声显赫的茶相比，岳西茶显得很低调，不管山外如何折腾，它在大别山深处显得静稳，像一位淳朴的山女，不爱热闹却有自己的佳妙。它通体碧绿鲜活，包含山水元气，香气清鲜通透，醇意回味持久。若不是山神钟情，也是大别山天赐的嘉草。

在古茶园茶话会上，刘大师说到岳西翠兰茶的妙处，称“其外形一芽两叶，自然舒展，色泽翠绿，形似兰花，故命名为翠兰。经开水冲泡后，舒展匀整，清香持久，鲜醇爽口，叶底嫩匀成朵，汤色浅绿明亮，乃茶中之上品”。果然，我看每人桌前都放一透明玻璃茶杯，里面碧绿沉浮，它们正在对刘大师的话进行佐证。我端起茶杯，享受到了他说的那种茶境。

茶话会结束，临走，我问这茶杯可以带走吗？

他说，就是给你们专门留的，让带走的。

4

壬寅盛夏，在疫情肆虐的缝隙之间，我算是在岳西山水间作了一次“汤水之旅”，都和“知味”有关。在岳西，我吃过了地道的杀猪菜，黄荆叶做的绿豆腐，鼠曲草做的绿丸子，新鲜可口的茭白，觉得印象最深回味最醇的还是岳西绿茶。

到“罗源场”茶园，知道岳西翠兰并不是单一符号，而是“茶的集团军”，是“茶的组诗”。岳西翠兰还有“翡冷翠”“高山奉”“宋山场”“野雾山”等佳茗，它们都属于岳西翠兰系列，都归岳西的山水清音指挥。

人生不如一羽嘉木，不知岳西山壁上附倚的“茶神”，在大别山听风听雨何等感悟。正是岳西有佳茗，缕缕情丝把这块碧绿和外面的世界连在一起，岳西的绿意才缠绵不绝。

返回中原途中，古茶园赠送的那个玻璃茶杯我一直随身携带着，里面装着现代化的速度，装着大别山的山水，装着岳西的绿意茶韵。

李　晁

1986年生于湖南，现居贵阳。2007年开始发表小说，曾获《上海文学》新人奖、《作家》金短篇奖、华语青年作家奖短篇小说“双子星”奖等。

也说茶

少年不知茶滋味，吃的茶是我家乡的擂茶，以我理解，这是种介于茶饮与主食之间的过渡物质，可以生造一个词解释：茶粥。顾名思义，这茶是可以饱腹的。从外观上看，近于婴孩吃的糊糊，稀稠视季节而定，不论汤底厚与薄，总有细密的谷物和茶叶沉浮其间。只制作过程稍显麻烦，首先要用到特制的擂钵（陶器），擂茶棍（多用茶树制成，手腕粗细），再各色食材，茶叶（以绿茶为主）、大米（需浸水泡过）、芝麻、花生、生姜，样样置入擂钵中，一一碾成碎末，各置碟中。这过程考验擂茶人的技艺，通常需双腿斜盘住擂钵，一手持擂茶棍，倚靠钵中粗粝的线纹，将材料研磨细碎。这功夫，考验手与材料的磨合，熟练者手持擂茶棍沿钵体顺时针画圆，沙沙有声，手起物碎，谷物、茶叶的香气一点点氤氲开来，满堂弥散，儿时进门闻见，就知今天打擂茶了。

等准备妥当，要烧起一锅大水，以食客多少为准，待水滚，依次加入擂好的米浆、茶叶碎等物，等诸物下汤，汤水翻涌，观其色，闻其味，煮到各色香味成熟迸发并归于融合，就是起锅时。吃擂茶亦要佐以小吃，混个嘴，有坛子里的辣萝卜条、藠头，也有花生瓜子，或者小样糕点，也是摆了一桌的架势，有迎客的体面。吃客们沿着热腾腾的碗沿，小小地嘬上一口，登时口鼻生香，这香气繁复，谷物的油性被茶香一一综合，竟有种热闹里的宁静，可解一日劳苦。擂茶四季皆可打，尤以夏日居多，仿佛以毒攻毒，以口腹中热饮抵挡外间暑热，不消一碗，大汗淋漓，有浑身通畅之感。这是擂茶的妙意。我记忆里吃擂茶是放学时候，端上一碗当着一众长辈面，囫囵开吃。吃擂茶是碗不见底的，客人尚未吃上几口，主人家便要再添，因而一顿擂茶喝下来，难以计量。晚饭，自然是不必再吃的，夜里却也不饿，只是贪吃，便再吃一碗。冷擂茶又独是一种风味，吃得也快，不再龇牙咧嘴小心翼翼，只管吸吸嘣嘣一碗见底，又粗粗舔毕碗沿，鼻尖上沾出小小一团茶米浆，母亲指间一点，笑说，该去睡觉了。

擂茶是我对茶的最初记忆，这记忆足够浓烈，乃至眼下，每去母亲家里，若待得时间长，便让她打一打擂茶，喝一个饱。儿时在乡间与爷爷奶奶短暂生活，还记得一种茶——煎茶。这种茶是盛在钵盂形大陶罐里的，茶水微泛褐色，是凉透后的茶，起着牛饮解渴之用。茶钵里不见茶叶，不知是乡下哪种茶，喝来却有清冽之气，可惜记忆淡薄，似从未见奶奶制作。是冲泡？是煮食？已不可考了，只有那独特的味道渗透在记忆里，这味道和我后来入黔喝到的苦丁茶类似，但又不完全一样，只晓得，这是平常日子里的茶，来人多少，管够。唐人喝的茶也叫煎茶，有着比擂茶更为烦琐的工序，要把茶饼碾碎，入釜煎煮，如唐人句子：“碾成黄金粉，轻嫩如松花。”看似轻松，实际尤为漫长，茶具的讲究与种类不说，单说过程也要经“椎、炙、碾、罗”等步骤，非富贵不可饮，因体现的是“闲”这一种生活状态，这是茶道的优雅。想来，我在乡间喝到的煎茶是经大大简化过的，仅仅保存了一个古早的叫法和解渴的功能，如此而已。

家里父亲是正经喝茶的，只是我们父子聚少离多，我总不晓得他喝的是哪种茶。每每只望到玻璃杯里立着浓浓的叶子，彼此重叠，仿佛一丛茂盛水草，占去杯体三分之二容量，茶汤近于浑浊，更可想这茶水的味道，该是浓厚而尖锐的，能麻人舌头，以今天眼光看来，断不可饮了，只好视之为长力气的茶。

说起来，我也是从茶窝里出来的。湖南老家产黑茶，唐时叫“渠江薄片”，被列为贡品，制成茶砖，远销北地。等我入黔，也见了不少茶，都匀的毛尖、湄潭的翠芽、正安的白茶，都鼎鼎有名，各有各好。记得有一种翠芽名雀舌，也沿从古时叫法，单看名字就觉得妙，小小一叶如鸟雀之舌，好不珍贵。但我从未去过茶场。第一次来，是在安徽的岳西，茶名翠兰，是高山茶，出产于海拔六百米的山间。我们的车从县城出发，一路沿山体回旋，车外群山蹲伏，植被繁茂，绿到耀眼，不浪费一丝一毫的土地，我喜欢这样的山，青山。

这一脉的青山属大别山脉，抵达岳西前，我与胡竹峰、包倬、李宁三友登了天柱峰，还是年少时于阅读中认识的山，那山奇峻，风景几变，不仅是画家心头大爱，我们也心有戚戚。峰是山里独绝的存在，是群山养出来的娇子，大家都爱娇子，因其独秀，但我对山有种博爱，哪怕群山寂寂无闻，望之悦目，都是好山。茶山又是另一路风景，远远望去，山的缓坡地带，一垄垄茶树犹如排兵列阵，又如波涛翻涌，一浪接着一浪，朝眼底打来，真真望之不尽，可谓茶海。从前坐车路经遵义的凤冈、湄潭等地，见小小的山包被茶树覆盖，小巧而秀丽，便以为茶山就是这样，是被单独辟出的所在，与其他山不同。到了岳西翠兰产地，才发现那山不独被茶园占据，茶只是其中一类物种，因山大，茶园便被更多的树木环抱，这里一块，那里一片，嵌在这山里，保持了物种的多样与丰富。我以为这样好，好在自然，好在有一种人的谦卑在里头，也是自然无法全然被征服的表现，各留余地，相敬如宾，这是世间的道理。我们以为茶道是从研磨冲泡开始的，带着人力的表演，其实不然，茶道的道，从种茶开始，得之天然，祛除了人的外在心思。

我们上到山间，身临茶场，才觉出一份平常，因繁忙的采茶季已过去，四野不见乡间采茶女的身影，那些文学作品里屡屡出现的采茶女是何种姿态，只能依托想象。一只只斗笠，一身身竹布衫，一排排一纵纵在山间频摇玉臂，微汗之间，茶篮里已铺了浅浅一层新叶，是人与茶皆美，美在一种新气。等我们到来时，人去茶空，人在休养，茶也在休养。茶场边的农家亦见不到什么人，这满山的茶园，在当地人看来，也不过是一道普通的风景，一如田畈，有忙有闲，忙时喧哗，闲时无声，一年年这样过来，是生活化的，但这之间依然有别有美。有美而不自觉，便是中国人的内敛。曾在网上看过一个摄影展，展示的是各国的采茶风景，黑白照片，来自二十世纪初期，从中国江南到海外之地，各色人等，都在镜中闪现。可看来看去，还是喜欢中国的采茶人，单论神情便好，来得朴素而又艺术，似乎采茶不仅仅是一种劳作的方式，还是优雅的艺术，因为此间容不得孟浪之人，要坏事，更坏茶。

此行，我们见到了传说中的茶神，一棵古茶树，据说有六枝，那茶偏偏立在山体裸露的岩壁之上，四围仍是高深树木，这独独露出来的一角悬茶，可谓得天地灵气。想先民初识茶叶，便是这样的光景，茶不被他物侵扰，以自我之姿，待人发现品评。如此可看出，万物若要显现自己，也要走一步险棋。

制茶厂就在茶园里，就近烘焙，工序之繁复，在我是不明就里的，心中的疑问只好放下。我们说茶好，究竟是茶好，还是工好？其中孰更重要？可以放下了，因答案许是司空见惯的——都好。都要好，才是好。一如近人玩玉，料要好，和田籽料为上品，又籽料中以白为美，又白中要糯如油脂，如此等等；再加工要好，要雕得鲜巧夺人，还要随物赋形，是既要工美又要天然，真苦煞人也。

岳西之名，简净，在岳之西。翠兰亦简净，翠如兰草、香如兰草。听上去看上去，都有种简朴，与世无争。不争乃是一种心性，这是人的笃定与从容，可细究起来，这一份淡泊与平常，不是人的发明创造，实在是自然的教化，没有一座山会因另一座山险峻而嫉妒，嫉妒得想要发疯，它们只是在那里，有山高便高，有峰挺便挺，我只做自家，与溪为邻也好，被茅屋环绕也罢，经历自家所要经历的。

山如此，茶亦如此，那么人呢。

见翠如春

包　倬

1980年生于四川凉山，2002年开始发表作品。出版有中短篇小说集《路边的西西弗斯》《风吹白云飘》等。曾获边疆文学奖、滇池文学奖、云南文学奖、《长江文艺》双年奖等。现居昆明，任《滇池》文学杂志主编，昆明作协副主席。

某年春天，好友寄来岳西翠兰，活泼泼舒展在杯里，像是春天的样子。水自山中来，茶自山中来，仿如那一口淡雅，正是天地之灵气。此后的春天，我便会想起岳西，想起大别山腹地的青枝绿叶。

岳西有好友，好友胡竹峰；岳西有好茶，好茶名翠兰。因了好友和好茶，我四年去过三次岳西。这频率，超过了我回故乡的次数。故乡大凉山，如其名，贫瘠凛冽，可彝族人也喝茶，只不过喝的是苦荞茶。家父早年心比天高，从西南乘绿皮火车到江南，喝到绿茶，从此念念不忘。可他也命比纸薄，像一只山鹰振翅欲飞，最后扑腾几下，重重跌回了村庄。凉山乃苦寒之地，即使家父抛弃了苦荞茶，最终也只能喝上苦丁茶。真是好一个苦字了得。虽然如此，泡茶的程序却是丝毫含糊不得。水是清泉，壶是铜壶，柴火煮沸，先沏三分，再加五分。茶满欺人，酒满敬人，这是我从小便懂的礼节。如果某次失手沏满了父亲的茶，少不了是要挨骂的。凉山人好酒，家父却滴酒不沾。他好茶，却无好茶，这遗憾始于我的童年。

友人寄来岳西翠兰，与家父分享，他盛赞不已。问：哪里好？答：说不上来。说不上来就对了，好茶犹如好文章，言不尽，意无穷。阳光、雨露、色泽、唇齿间的浩瀚星空……不过是方便之门。犹如我们说文章，总要以语词去靠近。而大象无形，好文章就是无。柳永写：杨柳岸，晓风残月。他说了什么？无。

我居云南多年，普洱茶盛名如雷，想不喝都难。喝普洱重仪轨，如一场盛大的巫术。而绿茶则要随性得多。我喜欢随性，非放荡不羁，而是怡然自得。茶是大地的产物，人也是——如《创世记》所言：你本是尘土，仍要归于尘土。人与茶相处久了，见茶如人，见人如茶。文章也如此。西北作家，难有小桥流水般的温婉；江南才子笔下，同样难见大漠风沙。说到底，大地是万物的底色。

所以，在我看来，岳西和翠兰，不是产地和产物，而是合二为一。岳西即翠兰，翠兰即岳西。“天地之大德曰生”，这生有着命运般的神秘，大地生什么，人便倚靠什么。靠山吃山，靠海吃海。云南人吃野生菌，岳西人靠的是满山的翠绿。翠，绿色。而我更愿意把翠理解为“脆”，如此，这绿色就有了生命力，需要用心去呵护。我喜欢翠，如果是个女子，必是吹弹即破，需要山一般的男人为其遮风挡雨；如果是颜色，则需要小心翼翼观赏，否则便亵渎了她。有鸟名翠，有女名翠，有玉名翠，有茶名翠，仿佛这世间好物，都集中在这一个“翠”字上了。两个黄鹂鸣翠柳，一行白鹭上青天。你听，即使是“黄鹂”在鸣叫，可也没有“翠柳”来得诗意盎然。也不知当时的杜甫，是先听见了黄鹂叫还是先看见了翠柳。

至于“兰”呢，孔子说，“夫兰当为王者香”（蔡邕《琴操》）。世间关于兰的词语，都指美好事物。当翠遇见兰，便是好上加好。翠兰者，贤淑之女也。着绿衣，与青山同色。心如溪泉纯净，身如云雾婀娜。翠兰者，大别山腹地好茶，如女养在深闺，却是声名远扬。一叶一菩提，喝翠兰，如见春天，亦见万物慈悲。

近读莫言先生文章，谈及灵感。说的是先生初学写作时，为了寻找灵感，曾经多次深夜出门。“沿着河堤，迎着月光，一直往前走，一直走到金鸡报晓时才回家。”此言真假不可知，但此举应属先生专利。古今中外文人墨客似乎都曾饱受灵感之苦。李白斗酒诗百篇，长安市上酒家眠。苏轼把酒问青天，不知天上宫阙，今夕是何年？大概他们是写诗的吧，如果写小说，三杯两盏下肚，估计连人物的名字和故事情节都忘记了。当然，与酒结缘的小说家也大有其人，雷蒙德·卡佛、布考斯基、海明威，都是酒中大神。但我认为这无关灵感，而是一种对生命的消耗。灵感为何物？灵者，捉摸不定，转瞬即逝。心能感知灵，方为心灵。心有感知，下笔录之，便是写作。写作需要轻灵之心，喝茶也是。唇齿之间，舌尖之上，那转瞬即逝的舞蹈，不可见，只能用心，这何其像我们的写作啊。喝酒是不行的，酒是令人混沌之物。饮少，不尽兴；饮多，伤身亦伤心。

如何获得灵感？我的看法是：静心。静心，方能无我；无我，方能容万物。曾听一友人谈及自己的写作状态，“像一位火车司机，坐着，到站方能下车”。为什么要坐着，其实是在等待。我也如此枯坐，但手边之物是香烟和茶。烟是云烟，茶呢，却不是普洱茶。绿茶最好，适合独饮。我在凌晨写作，万籁俱寂，世界如一片翠兰，就要在天光的浸泡下舒展开来。黑夜和白天，过去和现在，真实与虚构，仅隔着一杯翠兰。不说落笔惊风雨，诗成泣鬼神，三茶两盏过后，天明了，茶淡了，一个世界已在纸上构建。

少小离家，寄生于文。父母先居凉山，后去重庆，滇渝千里，数年难见。家父饮茶之习，至今未改，于是每年春天寄春茶，便成了孝道。这么讲，我那些居住在岳西的朋友，你们听懂了吗？

周　聪

文学硕士，毕业于华中师范大学中文系。现为长江文艺出版社编辑，湖北省作协第二届签约评论家。作品散见《文艺报》《文学报》《中华读书报》《儿童文学》《十月》《少年文学》《星星》《福建文学》等报刊。曾被评为《儿童文学》“2012 年全国十大魅力诗人”。

岳西记

一

清晨，洗漱后，一杯清茶，淡、雅、香。

打开窗户，窗外是一条河。

临窗而坐，慢慢细品，清爽宜人。第二杯，把昨夜的酒味驱散。

出慧可居，沿着河边散步，河中有妇人盥洗衣服。她们或穿着胶靴，或打着赤脚，三三两两地散开，各自围绕着一块露出水面的石头，棒槌捶打衣服的声音此起彼伏，清亮入耳。我安静地站在河边，听着妇人们聊家常，虽不大懂岳西方言，但也能略猜一二。河面并不宽，偶尔飞过几只白鹭。

想起前一日正午时分，天气炎热难耐。一行人沿着河边步行，忽见一男子在河中，持木棍敲击水面，同伴对该男子的行为迷惑不已，我说他是在打鱼。“打”字蕴含着力量感，一种原始的捕鱼方式，展示出人、棍、鱼三者之间清晰的逻辑关联，人持木棍击打水中游动的鱼群，简单直接。此刻，钓鱼竿和渔网都是多余的，男子既没有钓鱼的闲情逸致，也没有共同撒网捕鱼的同伴。他，独自一人，挥舞着木棍，宛若斗士般，满脸的坚毅和果敢。

棒槌击打衣物的声音，木棍敲击水面的声音，让我想起清晨将温水注入茶杯，茶叶接触到热水时，是否也会发出一丝丝轻响？嫩绿的叶芽舒展开来身子，把自己融入水中，给水一层淡绿色，还留有一丝丝诱人的清香。

大抵世界上最悦耳的声音大都是简单的、直接的，如风声、雨声、雷鸣、河水流淌发出的汩汩声、鸟鸣、婴儿的啼哭……褪去了修饰，远离了工业化的侵扰，让声音回归自然本身，回到人与物最简单的联系中。

二

小时候去外婆家，要翻过一座小山，山上有座茶园，当地人称之为“林场”。

“林场”产的茶我每年也喝。每年清明回乡下祭祖，都会事先委托外公帮我买好茶，带回城里来分一些给同事，大家都说茶叶好。去外公家，也喝他自己炒的茶叶，条形一般，回甘清甜。泡茶的水是从外公村里的那口古井里打的，从井口扔下一个铁桶，哐当哐当，拉着绳子上来，也算是别有一番风味吧。后来有了自来水，古井也废弃了。

外婆家在莲花，一个很美的名字。初闻翠兰，我就想起了莲花。两个美好的名字，都散发出清幽的香气。在岳西“神茶”树下，“岳西翠兰，茶中上品”八个字赫然在目。走到那一株五百多年的古茶树面前，人也变得渺小起来。参观俨然成了某种意义上的朝拜。古树历经时间淘洗后散发出旺盛的生命力。在我看来，朝拜的意义在于，通过一种颇具仪式感的行走赋予对象以永恒的价值。对于岳西翠兰来说，那缕抵达唇齿之间的清香，在参观古树、了解茶叶制作工序之后更令人倍感珍惜，溯源会形成一种文化意义上的认同感。对于个体来说，味道和记忆是不会骗人的，一个人的口味大多也很难改变，我们的舌头和味蕾被出生环境和生活习惯塑造着，难以改变。

翠兰。莲花。宛若微风的呢喃，轻声呼应，互相唱和。岳西翠兰是宁静的，适合一个人品，闲散清心。而酒是喧闹的，一群人酒后互诉衷肠，豪气冲天。

三

我第一次到岳西。

在竹峰老家，屋子下面是一片水田，远方是一座笔架山。村子里很静，偶有两个长者坐在树下纳凉，几乎看不到嬉戏的少年。山坡上一棵枇杷树结满了金黄的果实，伸手摘了一颗，放入嘴中，甜甜的。村口有一棵数百年的古树，立在水塘的边上。

时常在想，随着年岁的增长，自己的脚步是越走越宽广，还是会变得越来越狭窄？儿时稻场上躲进草堆里捉迷藏，田野里追逐嬉戏，池塘里野钓，河里摸鱼游泳，田埂上骑行……这些记忆都离我远去，即使从城市回到故乡，依旧迈不开腿，故步自封，活动的半径早已被限定在离家数十米远的范围里。我们也许到过很多大都市，但村里那些近在咫尺的小弄都好多年不曾走过。

一种莫名的失落感萦绕心头。

我们被自己的双脚禁锢了，却毫无察觉。

在岳西，时常会有一种幻觉，就像是回到了故乡。

它们的味道、气息，是相同的。

家乡有倒水河，没有山。岳西的山平易近人，没有压迫感，仿佛就静立着，不声张，沉郁但不失韵味。在惜字亭下驻足，沿着响肠老街的方氏宗祠信步走来，与置身倒水河畔的心境并无二样。想起那个傍晚，出家门至倒水河边，沿着河堤行约三百米，下河堤，绕过一个池塘，至村里的土地庙。土地庙守着一亩鱼塘，与一棵大树为伴，树根挣裂了粗糙的水泥地，露出粗壮的根须。然后路过一畦菜地，有人从菜地旁的池塘里挑水浇菜。池塘里有鸭子游弋，二十来只，时不时将头扎入水中。池塘的旁边是周家祖坟，被修成了一个小广场。

在岳西的乡间行走，是一次心灵的返乡，惬意，满足。

四

是谁在深夜放声歌唱？

酒足饭饱，总得聊点什么吧，围炉夜话是一种奢望。

天气正热，也不大适合。

在水库边，大家席地而坐，有人高声语，有人呼唤段子手，也有人唱起了歌曲。兴致未尽，又回到酒店大厅，有人已准备入睡，却被同伴喊起，煞有其事，正襟危坐，一壶茶，一瓶啤酒，叽叽喳喳聊开了。这是大规模的闲谈。

闲谈后回到房间，又约三五友人继续聊，这是小规模的茶话会。在逼仄的空间里，大家点燃一支支香烟，烟圈从桌子的四方升腾开来，缓缓地散开。我们谈论那些与我们的现实生活没有关联的人，布罗茨基、齐奥朗、卡达莱、于坚、黎紫书……那一个个活生生的人物，仿佛是多年的老友，蓦然来到大家的身边。

齐奥朗说：“孤独者的任务是加倍孤独。”

布罗茨基说：“我们拥有了时间。或者说，是时间拥有我们。”

孤独是一个写作者毕生的事业，在孤独中体验生活的冷暖，在孤独中享受时光的静谧。是的，孤独之花是不灭的。那些从口中说出的话在深夜里显得尤其悦耳，手中的香烟燃烧着时间，如微风飘过，慵懒的时光里，我们坦诚相待。

聊完天，已过十二点，又出来散步。一个夜晚的延伸，在记忆里演化成一种美好的行为，我们相约而行，漫无目的。记不清聊了些什么，我们像是说了很多话，又好像什么也没有说。夜色可以作证，香烟可以，翠兰更可以。

五

离开岳西，回到武汉。

我带回了岳西翠兰，带回了岳西的味道。每天傍晚回家，一杯清绿的茶水陪伴着我安静的阅读时光，从翻开书页前，到合上书本把书放回书架上，翠兰一直不动声色，只把全部的清香注入我的口舌。这是难得的清闲，放下疲惫，在茶与书中寻找自己的天地。

喝一口茶，想起岳西的时光，心情顿时美好了起来。

是啊，我也该回一趟倒水河畔，去一次莲花外婆家了。

在倒水河畔的柳树下，在“林场”的茶树林中，我定能寻觅到岳西的影子。它们早已化作一股溪流、一片绿叶、一缕清风，融入我无尽的思绪里。

李　宁

文学博士，《天涯》杂志编辑部主任，海南省网络作家协会常务副主席，从事当代文学的策划、组织、编辑、评论工作，文章见于《读书》《当代文坛》《文艺报》等报刊。获第二届晓剑青年文学研究奖。

岳西翠兰的突围

再次前往岳西之前，我首先到达了天柱山。

这座曾经的古南岳，“江南第一山”，安徽的“源头山”，恕我孤陋寡闻，第一次得知他的大名，竟是少时读余秋雨的文章《寂寞天柱山》。出行之前，跟李晁兄等朋友在微信群里聊起对天柱山的印象，大家不约而同都谈论起这篇文章，于是再次重温，看到文章说苏东坡在天柱山留下“平生爱舒州风土，欲卜居为终老之计”的诗句，想起他在海南留下的“我本儋耳人，寄生西蜀州”的诗句，不觉莞尔，没承想是这位豪放旷达的千古第一文人沟通了南岳与南海，令我对天柱山再添几分向往。

登山是在一个蒙蒙细雨的上午，雾气氤氲，云深雾绕。经过几个小时的攀爬，我与包倬兄、程建华兄终于气喘吁吁地抵达主峰区天池峰顶的渡仙桥，大雾却阻隔了我们与近在咫尺的主峰天柱峰的相见，我们在云雾中指向天柱峰所在位置的那一片混沌，留下一点神秘和遗憾，如同几年前我在黄山登山未见山的经历。

名山出名茶。徐永成先生《名山出名茶》一书历数全国各地茶区的名山与名茶，令人开眼。安徽自然是名山名茶的大省，名山有黄山、九华山、天柱山、大别山等，与名山相伴的则是各种名茶，黄山毛峰、太平猴魁、九华毛峰等，不胜枚举。访了名山，也要尝尝名茶，我们此行即为名茶“岳西翠兰”而来。

岳西，因位于古南岳天柱山以西而得名。岳西的茶区，根据本地朋友提供的资料，大体可划分为北部茶区、西部茶区和东部茶区三片区域。北部茶区中，建县前西北的头陀、黄尾、青天、包家等乡镇为历史名茶霍山黄芽、皖西黄大茶最优产区，东北的姚河、主簿、石关等乡镇为历史名茶舒城小兰花深山产区。我们的第一站，就是北部茶区的姚河乡。

安徽在中国改革开放的历史中，有着重要的地位。1978 年，安徽省滁州市凤阳县小溪河镇小岗村的 18 位农民以“托孤”的方式，冒着极大的风险，立下生死状，在土地承包责任书上按下了红手印，创造了“小岗精神”，拉开了中国改革开放的序幕。同在安徽，岳西人也感受到了时代的脉动，1982 年，岳西人钱子华发表了《岳西地方名茶——姚河小兰花》的调查文章。同年，岳西县提出“改进小兰花采制工艺，创制新名茶”的设想。中间历经坎坷，还曾以“岳西翠峰”为名，直到 1985 年安庆地区名茶评比会上，才定名为“岳西翠兰”。当年 6 月，在南京举行首届全国新名茶评比，岳西翠兰脱颖而出，成为中国“新十大名茶”（加上另外一种乌龙茶，也称“全国十一种新名茶”）。这之后，岳西翠兰获得了诸多荣誉，还曾作为国礼敬赠外国领导人。

我们前往的姚河乡，茶文化历史悠久，1985 年后成为岳西翠兰的主产区。其中姚河的香炉冲一带，包家的石佛寺、川岭一带，青天的明山寨一带，品质最优。香炉冲竹山、石佛寺两地，为 1985 年参加国家名茶评比并荣获“全国十一种新名茶”称号的岳西翠兰制样地。

在姚河乡香炉冲竹山的茶厂，省级非物质文化遗产岳西翠兰制作技艺代表性传承人刘会根先生已经等候多时。我们一行人鱼贯而入，走进茶厂的会议室，桌子上已经摆上了热气腾腾的岳西翠兰，茶汤碧绿明亮，打开杯盖，清香扑鼻，品一口，醇香回甘。

刘会根先生参与了1985年岳西翠兰的研制和创牌工作，迄今已经37年了。当年满怀理想抱负的小伙子如今已是资深的茶叶专家，然而他依然守着这片竹山的古茶园，在坚守传统手工制茶工艺的同时，探索创新岳西翠兰的发展之道。

品茗座谈后，一行人走向古茶园，这片茶园里茶树的树龄大部分在300年至500年。关于茶园最早的记载甚至可追溯至唐代陆羽的《茶经》，所谓“舒州”茶区是也。我们跋涉至地势崎岖高耸之处，站在最古老的“神茶”树下，留下合影，留下历史的见证。行政区域变迁，历史朝代更迭，不变的是这些百年老茶树，依然伫立，滋养着一代代中国人的味蕾与精神。

先访神茶，又到天峡。天峡也是大别山脉的一部分，处于长江、淮河分水岭的南坡，素有“华东第一大峡谷”之美誉。这里已经位于岳西的西部茶区，西部茶区包括河图、古坊、白帽、冶溪、店前等乡镇。本区建县前属太湖县，历史上产茶不多，新中国成立后发展快。这里是岳西大宗茶最大的生产基地，地貌、海拔差异较大，也是名山景点最集中的区域。闻名遐迩的有司空山、明堂山、天峡、羊角尖、凉亭坳、窑形包遗址、千年古树群等。

在岳西东北方向的姚河乡结束午餐，向着西南方向出发，纵跨近百公里，我们进入这处名字颇为霸气的景区。

安顿好住处，一行人沿着峡谷往上走，一路上所见者，有高山、有峭壁、有峡谷、有溪流，植物丰茂，因大家多感劳累，未能攀上高峰，据说这峡谷里还有湖泊、岛屿、瀑布、洞穴、古庵遗址和各种珍稀动物，可惜未得全貌。飕飕松风鸣，翳翳山景暮。夜晚，山中静谧，同行者多文坛巨擘、书法名家，刘醒龙、水运宪、冯杰、荆歌等前辈，为当地留下墨宝，夜色中一间斗室，人头攒动，笔墨生香。待大家纸上一番忙碌后，又与冯杰、竹峰、李晁、周聪、劲松、亚明等友人一行，在山脚下的夜色中信步闲谈。坐看北斗移，竹叶明月露。是时为夏至前夜，是否有月已经记不太清，但岳西天峡黑夜里的谈笑声，至今回荡在耳边。

次日出天峡，上古坊乡。这里茶山的交通更加艰难，我们行至茶山脚下，从中巴车换成越野车，一路山势陡峭，极为考验司机的车技。没多久，上至茶山山顶。这里视野开阔，茶树鳞次栉比，煞是好看。我长自豫西平原，虽然也见过邙岭的丘陵地貌，但这种大规模的茶山，还是第一次看到。此时已经过了采茶的时节，但山间仍有一些茶农，两两一组，一人在前操纵采茶机，一人在后张罗整理布袋，辛苦忙碌。本地的朋友介绍，这个季节的茶叶，已经不是供给国内，主要是供出口海外。我不禁感慨，看似交通不便的偏僻茶山，竟然也已经参与到了全球贸易体系中。联想安徽在改革开放之初敢为天下先的壮举，对这片土地的敬意又添几分。

看过茶山，吃过午饭，赶回县城，看茶艺表演，开采风座谈会，众位侃侃而谈，两天短暂而紧凑的岳西翠兰之旅也基本告一段落。我在想，岳西和岳西翠兰究竟意味着什么呢?

回顾岳西的县史，并不算悠久，1936 年才从安庆的潜山、太湖和六安的舒城、霍山四县中各划出一部分而立。因此岳西的历史，往往具体为这四县中的一部分，岳西的历史，似乎是一种共享的历史，是一部分舒州的历史，甚至是一部分霍州的历史，而这些历史，更多被邻县作为继承的主体。岳西茶叶的历史当然很悠久，最早可追溯到秦汉，唐宋以后影响益广，陆羽的《茶经》也有论及，北宋时还设立了茶叶管理机构罗源场。《宋会要辑稿》记载：“舒州二场，罗源场年额三十万八千一百五十斤。”这里的舒州二场指罗源场、太湖场。据考证，罗源场遗址位于岳西县境内的温泉镇资福村，但关于罗源场的记载如今都在《潜山县志》里。这不免有些尴尬，至少需要费一番口舌去解释。茶是文化属性特别强的消费品，文化附加值极高。摊开岳西的地图，相邻的县域中潜山有天柱茶（天柱剑毫）、霍山有霍山黄芽、六安有六安瓜片、舒城有舒城小兰花，仅太湖并非茶叶主产区。那些继承了辉煌的历史名茶已经与地区深度关联，岳西该怎么办？

岳西翠兰诞生于这些名茶的包围中，虽然没有显赫的出身，没有独家的历史和文化资源，但北纬 30 度的气候和生态，茶叶种植的传统和基础是不争的事实，岳西人靠自己的聪明才智和努力奋斗突围，重新建立属于岳西的品牌。这里本就是著名的革命老区，占当时全县四分之一人口的四万岳西儿女为革命献出了生命，命都不要了，江山都打下了，又怎会畏惧改革与创新？岳西翠兰就这样在岳西人不屈不挠的尝试中诞生，几年时间就突出那些历史名茶的重重包围，跻身新十大名茶，成为岳西的名片和骄傲。

我在这片土地上，品尝岳西翠兰，也感受着岳西人的精神——乐观、热情、坚韧、聪明，有翠绿的光芒，有醇甘的香气。未来滚滚而来，历史则在脚下，历史终将为我们所创造，为岳西人所创造。岳西翠兰的未来，鲜亮而芬芳。

张　凯

安徽怀远人，毕业于山东师范大学文学院作家研究生班。发表小说、散文约200万字，诗歌600余首。作品被《小说选刊》《小说月报》《散文（海外版）》《散文选刊》《诗选刊》等转载，作品多次入选多种年度选本，小说《酥皮糖糕》《牛跪》《赌王》入选《大学语文》。现为《红豆》杂志编辑。

岳西茶事

岳西翠兰

我是安徽人，很小的时候就知道岳西。小学老师给我们讲大别山区的革命故事，说岳西有大山。回想起来，我那时候真的好傻，傻得竟然没把岳西当作一个地方，而是理解为越往西去就有大山的意思，小小的我还纳闷，我们家往西哪有大山呢？尽管纳闷也不敢问老师。

认识岳西，不得不感谢胡竹峰，是他领着我到岳西的，是他带着我认识了岳西的山山水水，是他陪着我听了岳西的高腔，是他介绍我结交了岳西的朋友：舒寒冰、储劲松、黄亚明……他带我品尝了岳西的茶，而且还是谷雨前的岳西翠兰。那个茶是名副其实的“南方嘉木”，茶汤香醇，一派王者气度，实乃茶中珍品。

到岳西已经不是一次两次了，但每次岳西之

行，尽管时间很短，都有极大的收获，也有深层的认知，更有不同的感受，使我对岳西的情感一步步加深。

疫情近三载，梦萦岳西，欲游而不得。褦襶如我，壬寅入春以还，索居烦懑，老友竹峰，数以微信敦促往游。今与众大神薄游数日，爽若登仙。若时间允许，我可以快乐地待上三天三夜，身心完全放松，像婴儿安睡在摇篮里。

这次感触深刻的是，踏入岳西就被这块祖母绿陶醉了，绿得耀眼，绿得让人忘乎所以。站在高处看下去，满山绿色覆盖的那条河，如玉带一般垂落，在阳光下闪烁着金色的光芒。站在茶园里放眼望去，层层茶垄如世界最美的梯田。那茶绿得就要溢出来了，那绿就是黄金叶，就是岳西人的幸福生活，就是希望。

在如此绝妙的景致中，任何一点多余的颜色渗入，都必将唐突。在这样绝伦的风物里，我只能披上单纯的白，成为丈二画卷，徜徉于空蒙的山色之间，让日出霞落挥洒，任雾散云飞描泼，轻松怪石入笔，碧水青天化诗。

看到茶园一畦畦碧绿，天公有心作美，撒下无边无际的翠兰，满山似海浓，云由脚下生，人在雾中行，岳西的容颜也半掩在莫测的迷幻中。于是我想到传说中的神农尝遍百草，从那时起，茶就成为我国悠久历史的一部分，任何一个朝代都有其高雅清幽的香气存留。从古至今，茶在我们的生活中一直占据着极其重要的位置。随着时代的发展，我对茶的认识也越来越完善，尤其是参观翠兰的生长、制作以及品尝后，我更发现了翠兰的独特魅力。

登临茶山峰顶，云天一色，天色茶园一体。极目远眺，茶园竞秀，云雾缭绕，就像轻浣薄纱的少女，眉宇间波光流动，顾盼神飞。

茶 缘

年逾半百的我，至今也不算会喝茶，更不能说是懂喝茶。

我出生在淮北平原的乡下，自家人渴了说喝茶，就是从茶瓶里倒出一碗，大口喝下。家里来了客人，落座时也倒上一碗，说你喝茶。其实我们那里说的喝茶，说白了就是喝凉了的白开水。

我出生的地方，是一马平川的平原，没有山没有岭，也没有茶树，更别说茶叶了。我却例外。或许还在我不记事的时候，就应该喝过奶奶杯中被我说成树叶的茶叶，这么说，我和茶算是有缘。

最初对奶奶的树感兴趣，那是出于好奇，奇怪怎么还有长不大的树，奶奶烧茶为啥还放树叶？说实话，有时候走到奶奶那些树跟前，常常愕然，尤其是冬季，看到那光秃秃的干柴棒样，我总想追问，哪里知道，那树的叶子就是中国最古老的饮品。

我打小就知道，奶奶说话和家里人不同，总是让我听不太懂，后来才知道奶奶是潜山人。打我记事起，到了春天，万物复苏，奶奶就叫我给她捋树叶，晒干烧水喝，我那时候确确实实不知道奶奶喝的是茶。

上初中的时候，我离开父母，跟着大舅到龙亢读书，总算认识了茶。大舅是龙亢食品站的会计，他有一个玻璃杯，杯子里天天有他泡的茶，快喝完了又倒入开水，直到水颜色越来越淡才罢休。大舅喝到最后，常常眯着眼睛嘴里咂巴着茶叶，脸上露出幸福的神情。大舅看我和表妹想喝，就说这茶念书的不能喝，喝了睡不着觉，影响学习。有一天，大舅上班忘记带走他的茶杯，里面还有他泡好的茶。放学回到家，我端起来就喝，苦得我竟打了个哆嗦，但由于实在太渴，就像吞中药那样把剩下的咽了下去，直接省去了闻茶香、观茶色、品茶味的环节。

一九八七年，我从怀远师范毕业，也就是这一年的六月初，家中有了第一包茶叶。我家在江苏启东有个亲戚，正好他家在上海的亲戚下放到安徽太平县，后嫁给当地人没有回城。我家亲戚知道我师范毕业了，就写信给他家在太平县的亲戚，让她给我寄一斤茶叶表示祝贺。收到茶叶后，发现里面还有一封信，信中嘱咐我如何保存，如何泡茶，等等。我把这一斤茶叶当成宝贝，十天半月也舍不得泡一次来喝，三年过去了，那包茶叶还剩一大半，但已经黑得像锅底一样。现在想想，真可惜啊，一包好茶被我的无知糟蹋了。

一九九三年十月，我调到海南省工作。记得一九九四年元旦过后没几天，因工作需要到广州出差。接待我的是一位比我稍年长的廖伟阳先生，他是广东人。我刚刚坐下来，他就拿出两个比酒盅还小的茶盅来，为我和他自己各倒上一盅茶。其时我正口渴得要命，拿起来就喝，一口咽了下去。廖先生笑笑，又给我倒一盅，我还是一口咽了下去。廖先生拍拍我肩膀说："哎呀，北方人，真豪爽！"我以为是夸奖，便一口一盅地喝。廖先生只顾给我倒茶，自己却没有喝的机会。倘若此时被林黛玉看到，一定说我是"牛饮"，绝对是"狂牛饮"。

后来我回海口对海南人吴安然说起这事，他笑着说，那叫工夫茶，得一点一点地品，会感觉到舌尖虽苦舌根却是甜的。直到现在我还是认为，工夫茶就应该是那些有时间的人喝的，像我这样一天到晚瞎撞的人还是弄点岳西翠兰，泡了大口地喝为好。

自从竹峰兄至家中传授我喝翠兰之道，方知文人雅士喝茶，当于草屋小院，文竹在侧，手握紫砂美壶，捏着素雅的陶瓷小杯，二三文人共饮，得半日之闲，可抵十年尘梦。饮茶之后，再继续各人事，真称得上忙中偷闲，且喝一杯茶。如此一来便可悟茶之道是君子三德，清静怡和。静观翠兰汤色、水痕，慢品翠兰茶味，无不觉得如在仙境。尤其是明前翠兰，贵如金，细密清香，取一撮投入壶中，冲入开水，汤色、水痕、茶味一起袭来，茶汤的颜色和茶味的咬盏，皆成为以茶为画的茶百戏。

真正知道茶叶种类的繁多，是到南宁以后。一次我晃悠到亭洪路，算是开了眼界，整条路都是茶叶店。无论去到哪家店，都会被琳琅满目的茶叶品牌和包装搞得眼花缭乱，不知所措。那天也确实想买一些茶送给远道而来的朋友，但究竟选择哪一种，心中根本没底，也无从下手。但从此我开始买茶、囤茶，以至于现在家中不知道存放了多少云南普洱茶、湖南安化黑茶、福建宁德白茶和红茶，只因这些茶能多藏些年头。

想到家里藏的那些茶，自然而然就想起苏东坡说的“从来佳茗似佳人”。佳茗应同佳人一般娇贵无比，只有居住在合适、舒适的地方，才会保持她独有的气质与韵味。茶这种至洁之物，一旦潮湿、霉变或吸收了周围的异味，无论用什么办法都难以复原。看来身居南宁的陋室，藏茶并非好事。即便如此，自以为和茶还是有难割难舍的缘分，那些茶还是要继续藏下去。

茶　情

七月二十三日，大暑。暑气鼎沸，酷夏难熬，新冠又至，困于陋室，忽想起翠兰来了。烧水撮茶，置于杯中。看着杯中翠兰，芽叶细嫩，形似兰花，翠绿欲滴。闻着杯中翠兰，香气清幽，滋味醇厚。据说翠兰富含茶多酚等营养物质，且鲜叶中的天然物质保留较高，有防癌抗癌功能。

自古以来，品茶重在“品”，其饱含的意蕴，不仅是品鉴茶叶优劣，更带有神思遐想。品茶之趣，不仅注重茶的色香味韵，更注重品茶人的心境。喝茶，喝的是一种味道；品茶，品的是一种意蕴。呷一小口茶，任由鲜爽香醇在舌尖散开，充满口齿，一种美妙的情感，油然而生。

生活在现今社会的我，缺少的正是品茶的闲情逸致。整日不知倦怠地与稿子为伍，真正能坐下来细细品茶的机会少了许多。如我多些闲暇时光，约上几位好友，泡一壶翠兰，边品边赏，相信定会被这闲适之情打动，为岳西翠兰心动。如今，人心浮躁，若要心静，唯有香茗。难怪佛家钟情于茶，道家热衷于茶，古之圣贤爱茶成痴，文人骚客茶不离嘴。

今大暑日与以往不同，借一杯翠兰，于无常中觅得一份欢愉，享受一份安然，忽觉心静是一股强大的力量。古人认为夏季属火，对应五脏之心。暑日炎炎，易烦躁，心气难平，更需身心安养。唐代钱起写过与友喝茶畅聊的诗《与赵莒茶宴》：“竹下忘言对紫茶，全胜羽客醉流霞。尘心洗尽兴难尽，一树蝉声片影斜。”于清幽翠竹下，与友对饮紫笋茶，茶味醇厚胜过流霞仙酒。醉心饮茶，洗净尘心，涤荡世俗，身心愉悦，在蝉鸣声中饮茶到夕阳西下，才算尽兴。我非古人，但其风雅总是让我心生悸动。

品翠兰，就是品今生，几十年的沉浮，看惯了人人戚戚于贫贱、汲汲于富贵，生怕一停下脚步，位置就被人挤占。殊不知，人已被物欲所役使，被无常所裹挟。如此一来，顿觉生而为人，要的就是寻得一处安然之所，抚慰无处安放的灵魂。

大暑烈日虽酷，但得闲日，就这样品着翠兰，旧事涌上心头。

都说江南的好，或烟雨迷蒙，或小雨淅沥，或急雨簌簌，犹如一幅题着唐诗宋词的水墨画。那年的国庆，独自下江南，先到苏州大口喝了碧螺春，再到西子湖畔品尝龙井，从此便与茶结下深缘。

几十年过去，我越来越想拥有一间茶室。独处之时，春试新茶，夏销溽暑，秋听夜雨，冬煮寒雪；明窗净几下，茶烟清谈，可阳春白雪，亦可下里巴人。一室之间，可以悦己；一室之茶，可以悦人。退回隐居的生活，于乡野与城郭间，与自然相亲，和山水为邻，疏慵自放，枕月孤眠，用喜欢的方式过一生，与薄酒翠兰共说诗。

不知不觉，已泡了四杯翠兰，此刻饮翠兰已非口腹之欲，而是于茶香氤氲里静享闲散时光，慰藉劳顿，感受茶中真意。

王　燕

百花文艺出版社副编审。《散文（海外版）》编辑部主任、执行主编。获“第八届天津市优秀中青年编辑”。编辑出版的多部图书获国家级出版奖项。主编《人的城》《记住乡愁，就是记住春天》《何似在人间》《纸上花开》等年度散文选集。

翠兰在岳西

“岳西翠兰”，名字听着就娇俏。老舍曾在一篇文章里写过：“烟酒虽然也是我的好友，但它们都是男性的——粗莽、热烈、有思想，可也有火气。未若茶之温柔，雅洁，轻轻的刺激，淡淡的相依；是女性的。”“翠兰”两个字先声夺人，饮者在品尝到茶的滋味之前，就已生出清丽活泼的印象，恰应了老舍那句隽语。

饮茶对中国人来说，是日常，也是一种仪式。赵州禅师有“吃茶去”的著名公案，不论来者以何事相问，赵州禅师均以此三字作答。取吃茶为譬喻，可见“吃茶”既可以是一桩再平常不过的事，也可以是参悟禅理的玄妙法门。禅宗讲“担水劈柴，无非妙道”，总是要人沉潜于日常之中来体味非常之道。然而虽然可以取喻诸相，却偏偏着落在茶上。既然是“吃茶去”而非“喝酒去”，从中似乎也可见得茶的地位究竟不同，仿佛更清贵些，别有一种情致和禅意。在茶叶的浮动间，水汽的氤氲里，凡人也能窥见通往至道的门径，从而暂时从这凡尘俗世之中脱得更轻更远一些。

岳西属大别山区，气候湿润温厚。这里的茶树杂植于山中花木之间，一片片绿得柔和，不争不抢。然而植物们的根系是相通的，相互缠绕在深深的泥土之下，仿佛手儿相握；微风拂过枝头，花枝和茶苞一起摇荡。自然的清香就这样在地下交汇，在山野间浮动，在人们的鬓边耳际萦绕。在此地生长的岳西翠兰，凭借这天时地利，尽管不事雕琢，却有一种自然而然的妩媚，足以动人。岳西翠兰芽叶相连，颜色是鲜亮亮的绿，形态舒展，似初放的兰花，娇嫩轻盈。冲泡之后，茶汤淡绿，清浅明亮；叶底嫩黄如莺背，鲜润可喜。

中国人饮茶，从唐代开始流行，至宋大盛，以至后来成为一种上到王公贵族、下至贩夫走卒各个阶层的共同嗜好。“夫茶，灵草也。种之则利博，饮之则神清。上而王公贵人之所尚，下而小夫贱隶之所不可阙。诚生民日用之所资，国家课利之一助也。”从元人的这段话中，我们可以推想当时饮茶习惯的风行。然而，同样是饮茶这件事，历代前人的喝法其实各不相同，和我们今天的饮茶习惯差别就更大些。

唐代饮茶，盛行的是“煎茶”。以茶末和水同煎，待水沸后投入茶，再煎片刻。到了宋代，“点茶”的方法发展起来。宋代风行的“斗茶”，就是以“点茶”的方式进行的。北宋诗人蔡襄描写“斗茶”的场景时写道：“视其面色鲜白，著盏无水痕，为绝佳。”“点茶”不同于“煎茶”，是以沸水来冲泡茶末。至于我们现在熟悉的，用沸水冲泡散条形茶的方法，则是明代以后才兴起的。宋明之间有个过渡，我们在元代的文学作品中经常看到的“煮茶芽”，就可以视作明代泡茶法的先声。

在唐宋时期，饮茶时还会加入盐、姜、香料等其他佐料。我们现在读前人写饮茶制茶的诗文，常常会忘记他们的喝茶之法和如今流行的并不相同。例如苏轼的名作《汲江煎茶》：“活水还须活火烹，自临钓石取深清。大瓢贮月归春瓮，小杓分江入夜瓶。雪乳已翻煎处脚，松风忽作泻时声。

枯肠未易禁三碗，坐听荒城长短更。”苏轼诗中所写的是煎茶，所以看重汤色。以鲜白如“雪乳”为上，这也和蔡襄的说法互相印证。倘若我们不明就里，仅以今天的眼光衡量，就难免莫名其妙，疑惑一盏清茶如何能显出牛奶般的色泽。

有趣的是，虽然饮茶之法古今不同，饮茶之心境却古今相通。“大瓢贮月归春瓮，小杓分江入夜瓶。”其中的清朗优雅，趣味盎然，实在可以穿越古今。元代著名画家倪瓒曾有句写烹茶：“敲火煮茶歌白苎，怒涛翻雪小停桡。”白苎之歌我们只能想象，然而诗中所描绘的高人雅士在一叶小舟之中敲火煮茶的潇洒情状，却栩栩如生，仿佛就在眼前。

“兰生幽谷中，倒影还自照。无人作妍媛，春风发微笑。”还是这位喜爱饮茶的倪云林，曾经这样题咏过兰花。岳西翠兰蕴藏在深浅茶盏中的清香与滋味，就像春风中独自微笑的兰花，从古至今，一样的清幽明秀，久久不散。

佟　鑫

《中国作家》纪实版编辑部主任、副编审，全国文学报刊联盟副秘书长，北京市朝阳区政协第十三届、十四届委员会委员，中国作家协会会员、中国报告文学学会理事。创作有电影剧本、报告文学作品等。获第九届“长征文艺奖”文学评论奖。评论散见于《文艺报》《解放军报》《文学报》《艺术报》《江南》《解放军文艺》《东吴学术》等报刊。

翠兰似佳人

轻轻转动地球仪，目光停留在北纬30°线上，这是一条神奇的纬线，曾贯穿四大文明古国。埃及金字塔、巴比伦空中花园、中国三星堆、玛雅文明等神秘而古老的文明，均分布在这条纬线上。

我作为一个资深的爱茶之人，竟神奇地发现，西湖龙井、黄山毛峰、岳西翠兰、霍山黄芽、信阳毛尖等久负盛名的中国名茶，也集中分布于这条纬线上。

正是初夏，应邀前往名茶之乡岳西县采风。这地跨长江、淮河两大流域的岳西县像世外桃源一样，隐没在大别山腹地，它也是安徽省唯一集革命老区、纯山区、生态示范区、生态功能区于一体的县。

到了岳西县，大家自然迫不及待地想去看一看茶园。车子驶出了县道后，沿着陡峭的山路盘山而上，司机是个“老把式”，哪怕仅容一车通过的山路，他也能把车子开得又快又稳。雨后初霁，云雾蒸腾，山间薄雾蒙蒙，远处山峰隐没于云雾之间，茶山笼罩在空蒙的山雾中，近处茶园如身着轻纱绿裙的仕女，亭亭玉立，尽显其美丽与端庄。

陪同采风的当地文友介绍说，岳西森林覆盖率高，漫射光多，土壤呈微酸性反应，雨量充沛，气候温凉湿润，生态环境适宜茶树生长。这里产茶历史悠久，最早可追溯到秦汉时期。世界第一部茶叶专著的作者陆羽在《茶经·八之出》中便对茶出“舒州”有记载。岳西在 1936 年由舒城、霍山、潜山、太湖等四县划地而建，所在地区即为古舒州、寿州接合部。

一路上，茶树漫山遍野，满目皆绿。这里的茶树由数百条石坝托举而成，呈阶梯状分布在海拔 300 米以上的山坡上，宛若绿色缎带，铺满了整个山坡。苍翠的老茶叶顶着一个个嫩芽，有的舒展着，有的紧束着，有的半舒半卷。春茶采摘期刚刚过去，但仍能看到偶尔有茶农穿梭于茶山之中。

车子在一处茶园停下，一行人兴致勃勃地冲进茶园，与茶树进行零距离接触。我用食指和拇指轻轻掐下茶树树冠的一朵新芽，凑近鼻尖嗅了嗅，沁人心脾的茶香中还混合着幽幽的兰花香。当地文友说，这就是岳西翠兰。

翠兰，一个多么美妙的名字！以“翠兰”命名茶叶，源自一个美丽的传说：相传明末清初，岳西姚河乡境内有一个叫兰花的姑娘，美丽贤淑、心灵手巧，所炒的茶叶质量特优。一年，有位徽州茶商慕名携巨资前来高价收购兰花炒制的茶叶。因为家境贫寒，同时也为了帮助更为贫困的乡亲，兰花姑娘就不分昼夜，拼命采茶、炒茶，结果积劳成疾，英年早逝。当地人为了纪念兰花姑娘，就将她炒制的茶叶命名为兰花茶，后来演变为今天的岳西翠兰茶。

如今，岳西翠兰已成为岳西县茶叶产业的“公共品牌”，曾两度获得农业部“优质农产品”称号，两次夺得中国（芜湖）国际茶博会金奖，并于 2008 年、2018 年获得国际名茶金奖，第二届中国国际茶博会金奖，四次入选国宾礼茶，先后被评为“中国地理证明商标”和“中国驰名商标”。岳西县被授予“全国重点产茶县”“中国名茶之乡”“茶业百强县”称号。2022 年，岳西翠兰品牌估值 23.1 亿元。

翻阅这些荣誉时，我想兰花姑娘应该是欣慰的，当年她以茶造福父老乡亲的愿景，终于在几百年后成为实景！饮水思源，当地人感恩于兰花姑娘，创作出《请喝一杯翠兰茶》《翠兰说》等现代茶歌，多次被搬上舞台、传上网络，并出版了《印象·岳西翠兰》等文学作品，用以铭记兰花姑娘。

岳西的山岭之间，古道沿途，不时出现古意悠悠的亭子，经询问后得知，这些亭子是古时建起的茶亭，全县共有60多座，影响较大的有塔儿岭茶亭、西水岭茶亭、亭子岭茶亭、马玉坳茶亭、罗铺茶亭、白石坳茶亭、九老亭、花桥亭等。除了这些茶亭外，岳西县还留下了不少班班可考的古茶园、古茶号，从中可以管窥到岳西茶文化的悠远绵长。

在岳西翠兰博物馆，我们喝到了姚河古茶园正宗的岳西翠兰。东坡云："从来佳茗似佳人。"用佳人来形容鲜嫩柔美的茶叶，极为精妙。

岳西翠兰的制作工艺十分考究，手工制作工序有鲜叶采摘、摊放、头锅、二锅、初摊、毛火、复摊、足火等八道，手法有抓、抖、撒、捞、滚、甩、拢、带、磨等，其制作技艺被列为省非物质文化遗产。了解了这些制作工艺，顿时感到手中所捧香茗，有了沉甸甸的感觉。雅致的茶杯里，岳西翠兰外形优美，芽叶相连，自然舒展成朵，色泽翠绿，形似兰花，又似佳人。茶汤翠绿明亮，香气清高持久，滋味醇浓鲜爽。新火煮新茶，一盏得清欢。喝一盏，一股兰花香扑鼻而来，呷一口，如口渴遇甘霖，味醇厚而回甘。据说翠兰茶叶中氨基酸的含量很高，具有生津止渴、明目清热等功效。

"家家篝火山窗下，每到春来一县香。"这是明万历年间霍山县令王毗翁所作《焙茗诗》中的诗句。初见这句诗，很想将"每到春来一县香"改为"四季轮回一县香"，因为岳西县的茶叶产业已经得到了迅猛的发展，全县现有茶园18.5万亩，茶叶总产量6300吨，干茶产值8.02亿元。全县茶叶加工企业602家，其中取得SC认证的标准化茶厂66家。

在岳西县，的确一年四季，皆有茶叶飘香。由此，我便产生了贸然改动《焙茗诗》中诗句的念头，不知王毗翁先生同意否？

李晓晨

现为文艺报社总编室副主任。有小说、评论、散文等见于《十月》《北京文学》《青年文学》《青年作家》《广州文艺》《海燕》《人民日报》《文艺报》《文学报》《青年报》等报刊，有作品被多家选刊选载、入选年度选本及相关图书。

云雾深处是岳西

到了一定年纪之后，茶竟然成了每天必不可少的陪伴，此前，如果有人告诉我会有这么一天，想必一定会遭到善意而真诚的嘲笑——茶又有什么值得细细品的？说来说去不过是几片叶子一杯清水，提神不似咖啡，甘甜不如椰汁，还格外讲究火候、水质、器皿甚至泡茶的手艺，这些在我看来，多少有些名不副实，故弄玄虚。

不过，老祖宗早就提醒我们，水满则溢，有些话永远不要说得太早太满。及至而立之后，突然就懂得了茶的好处，开始粗浅地留意各地的茶叶，也贪婪地收藏起一些代表作。有一年刚巧出门往宜兴去，天天浸淫在紫砂大师的手艺里，于是按捺不住和几个朋友专门去一个工作室煞有介事地选了几把壶，形制颇为可爱，虽然籽料谈不上名贵，可又有什么关系？时日久远，至今还摆在桌上的是圆墩墩胖乎乎的一只，憨态可掬，朴素得低到柴米油盐的日常之间，无论泡什么茶似乎都相得益彰，从不喧宾夺主。想来，这只壶也算体悟了各种茶的好与不好，随着年月渐久升腾氤氲出某种深浅不一的光泽与气息。

盛夏已至，色鲜汤透的绿茶成了一天初始时唤醒身心的讯息。我将一小簇尖长嫩绿的岳西翠兰小心烫过放进壶里，一个月前在安徽岳西行走的场景当即在口鼻眼耳之间若隐若现地四散萦绕，仿佛一句简洁而意蕴悠长的诗行，从当地一路跟随至喧嚣忙碌的城市之中，人来人往，时光流转，而气息不散，余香绕梁。民间有句谚语："高山云雾出好茶。"翠兰茶就产在云雾缭绕的高山之间——岳西，舌尖一扬，心就跟着飘上了云端。

岳西翠兰早有历史，姑且不谈仙女的传说，单单那几棵长在深山里的古茶树就给人留下了深刻印象。茶树不高，被修剪成普通灌木的身姿，却枝叶繁茂，丝毫不见傲然凛冽之气，和周边的土地生灵和谐共生，浑融一体。我们看见的那几棵树最古老的已经有六百年历史，刚刚结束春茶采摘期，正在休养生息。在此地，人们极其尊重自然原始的生长规律，顺应天时，静候花开，茶树才能如此生命力蓬勃地绵延数百年，泽被苍生后代。每每行走在这些地方，人才会真切地发觉自身的微不足道。总有太多生命比人类历经更多的风雨，更能熬过岁月的沧桑。

又去真正的制茶大师那里，拿来顶尖的红茶泡上。据说这茶是非遗传承人制作，每年只做极少的数量，所以才更加珍贵。只见茶艺师眼波流转，顾盼生姿，手下滴水不漏，浑然一体，没等我回过神来，一杯浓酽的红茶已在眼前，顿时满屋茶香四溢，赞叹不已。这茶汤味醇厚，回甘生津，是我喝过的数一数二的品级。等到再次围桌而坐，红茶早变成绿茶，换了杯盏盛满一小杯，这回则是清香扑鼻，色泽清爽，初尝时微涩，再一回味却唇齿留香。一群人便只是静心品着，间或吃几口手工制作的茶点，但都把更多时间留给茶本身，四周偶尔传来几声鸟鸣，真是山间一恍，人间几日。等离开后又过了些日子，我才意识到，那样的茶确实是再难觅真迹了，茶与水与人说到底是不能分离的。

曾有近十年，我都没有踏上过安徽的土地。自从前两年去过一次大别山腹地就获得了一去再去的机会，至今数数已经有四五回。绵延苍翠的山脉，余味悠长的古茶，洁白如月的梨花，鲜甜汁丰的草莓，望不见尽头的瀑布……安徽于我而言似乎是这样一个个有代表性的符号，但仔细想想又不尽然。那些生活在其中的人们，我可亲可爱的朋友们，他们以独特的面孔和神态构成了皖地的风采。无论务农经商，还是从文从戎，安徽人的精神从来都不曾被丢弃和淡忘。

记得初到岳西时有次闲谈，当地朋友先言简意赅地介绍着当地的风土人情、物华风貌，说着说着，语气就由平淡转向激越，像一部交响乐到了合奏的乐章，无法遏制。也许是被她当时的叙述所感染，所以有几句话格外记忆犹新。她说，我们这里是一片热血的土地，抗日战争期间几乎所有男丁都跟着部队走上战场，最后大部分壮烈牺牲。安徽人勇猛，忠诚，而且一旦认准了目标就有一股子不达目的不罢休的劲头。我也还清楚地记得，她说自己的家族中当年有几位亲人离开之后就再也没回来。

彼时窗外云雾已经散开，山的形状在夜色里愈发显得挺拔，屋内灯火明亮，茶香扑鼻。在那样一种场合里，宏大的历史和具体而微的个人竟然以这样一种方式真实地联系起来。我突然意识到，在漫长而阔大的时空里，个体的崇高竟然愈发明亮而温暖——一部雄浑悠久的史诗正是由这样一个个坚定的他和她支撑起来的，也许有遗憾，也许有不舍，但最终无怨无悔，将生命献给理想，回馈家园。就这样，人的形象，也就在天地之间格外高大、坚毅起来，这也便是天地之间最具性灵的存在了。

翠兰叶子

胡竹峰

安徽省作家协会副主席。出版有《胡竹峰作品（五卷本）》《击缶歌》《不知味集》《闲饮茶》《南游记》《民国的腔调》《雪下了一夜》《惜字亭下》等作品集近30种。曾获孙犁散文奖双年奖、紫金·人民文学之星散文奖、奎虚图书奖、刘勰散文奖、丰子恺散文奖、林语堂散文奖、草原文学奖、滇池文学奖、三毛散文奖大奖、红豆文学奖、《广西文学》年度优秀散文奖等。《中国文章》获第七届鲁迅文学奖提名。部分作品被译介为多种文字。

常喝岳西翠兰，大概是一方水土的缘故。滋味不论，岳西翠兰我喝来有家常欢喜心。他乡的茶有欢喜心，但不是家常欢喜心。

想起翠兰

莫名想起翠兰了，想起岳西的翠兰。

我喜欢岳西翠兰，翠兰是个好名字。

岳西方言不甚悦耳，“翠兰”二字，倒说得缠绵细腻，柔和动人。“翠”字发音干脆，像豫剧唱腔，戛然而止中透着欢快。“兰”字吐字柔美，有昆曲的味道，颇似钢琴演奏后的余音，又像弹拨吉他后的轻颤。听在耳里，有些痴，仿佛一个俏丫头倚门而立，虽不是风情万种，却让人眼前一亮。

岳西的山，湿润且肥沃，秋冬犹青，一株株

茶树终年隐身于一片绿中。各类果木在山间交错杂生，树枝相连，根脉互通，花气、果香环绕着翠兰茶的嫩芽。每当春月，翠兰凝结在一片花海香风中，吸附着地之精华、天之雨露、花之芬芳。娇嫩可人的兰花也伸出羞涩的舌头，清幽恬静，如处子的体香，撩得人心柔软，泛起丝丝涟漪。喝翠兰茶时的心境也是软软的，软得连话都不想说，恨不得让人扶着。

苏东坡写词赞曰："汤发云腴酽白，盏浮花乳轻圆，人间谁敢更争妍。斗取红窗粉面。"

粉面让我想起女人，正如油头让我想起男人。

说起女人，蓦然忆及春天在公园里荡秋千的粉面女人，一晃一荡的，裙子飘起来了。她的笑和媚眼穿过空气，甩在地上，溅了我一身。真好风月也。

翠兰真是好茶，大抵是生长于斯的缘故，年纪渐长，又远离故地，心里觉得亲近家乡的物产便是亲近家乡的地脉。每每怀旧，总要泡杯翠兰独饮。

洗净手，用透明的玻璃盏，取半撮翠兰铺满杯底，注入浅浅一层细水。茶叶瞬间碧绿，仿佛再生。倏而一股股沁人的幽香飘逸于鼻间，眨眼工夫，茶叶苏醒舒展如新芽。续水，汤色更加淡雅，像齐白石水墨小品，清而丰，淡且腴。灯下细看，真有隔帘花影、鸳鸯蝴蝶的风韵。

有过一只上好的玻璃杯，晶莹剔透，造型清奇，专泡翠兰。有天弟弟用它泡铁观音，刚灌水，一下子裂成了两半。它是通灵之物，刚烈之身，一杯不侍二茶。

父亲喜欢喝茶，喝茶在我家成了重要的事。乡居岁月，有翠兰相伴，贫苦日子也苦得画意诗情。

每年清明前后，母亲总要去茶园采上一捧嫩芽，制成新茶与家人共享。

人在江湖，身不由己。幸好在夜晚，在午后，在闲暇时，还可以喝一杯翠兰。

翠兰入口的刹那，让人生出退隐山村的念头。劈柴，喂牛，犁田，种地，眼前的厅室似乎变成了泥墙瓦屋，窗外的闪烁霓虹也幻化为蓝天白云。

春日母亲炒茶时弥漫在院子中的青气，此去经年，不绝如缕。母亲炒制的翠兰，虽不够精致，但有乡村风味、民间气息。因是手工做的，比机制茶少了点匠气。

我喝茶是挑剔的，从某种程度上说，也应该挑剔。对写作挑剔，是对艺术负责。对书本挑剔，是对阅读负责。对喝茶挑剔，就是对自己的嘴巴和肠胃负责。喝茶是一种感性的品味，是人与大自然的交流与沟通。说个题外话：制茶工艺过于依赖现代工业，会破坏茶叶的内在品质。譬如机制翠兰，美则美矣，多少丢了些本色。

茶如写作，淡则幽，简则远，像张岱的梦忆，越写越短。短到后来，盈盈一溪清水，没有渔翁，没有顽童。捣衣的村姑回家做饭了，寥寥几根芦苇，在风雨中摇曳成月下霜露。言简意赅，不着一字，尽得风流。

现在是凌晨，写作的人还在修修改改。桌子上的翠兰袅起一道道热气，空气中半盛着茶香，淡淡疏疏。我有翠兰茶，不关春风事，于是作诗：

一袭青衣
环杯轻舞
晓月在窗前
清风在门外
穿布衫的男人
在灯影里

旧茶已尽，新茶未到，每每令人惆怅。

每年春日，故乡巷口有卖茶人，来来往往。

我是采过翠兰茶的。在生长有茶树的山上，有通灵之感，有触仙之奇，何况在空山不见人、但闻采茶曲的境地里。

如　月

暑日酷热，闭户读书消遣光阴。好久没喝翠兰茶了，上午无事，翻箱倒柜地找，天道酬勤，居然寻到一小盒。上次回家朋友送的，绿色的包装盒上印了一把茶气袅袅的紫砂壶。

捧干茶于掌心，一股幽香如两条细线，滋滋蔓蔓，顺着鼻孔钻进肺部，心里一静。

欢喜之下，给饮水机插上电。饮水机真好，叫机的电器都好，电视机、录像机、抽水机、焙茶机，还有发电机、柴油机、碾米机。只有机关不好，一来机关算尽太聪明，反误了卿卿性命；二则机关中人有官气。

《红楼梦》第四回写机关中人贾雨村与门子在密室商量葫芦案一事，贾雨村让门子坐下详谈。面对着贾雨村的官气，奸猾似门子者也只敢斜签着坐了。

翠兰茶极嫩，水太滚热，凉了片刻，怕烫伤了茶叶。

一道细白的水线，轻轻注入杯底，哗哗如泉水淌过石隙。茶叶吸水、膨胀，随着水的冲激，上下翻滚，变得鲜绿。像刚从茶树上摘下来，清水随即被染成浅绿色，绿得恍惚。不怕烫，小呷一口，用舌尖抵住，香，香到腮帮子上了，牙齿没了，舌头没了，全化了，稀释在茶水中，汪洋，肆意，独余一片香甜……

远方的天空有一朵彩云，茶壶里有一朵彩云。天空的彩云在凝固，壶底的彩云已漾开，像一捧雾、一团烟。站在窗前，裹一身茶气打发着一天的最后辰光。深入水底，深入南方，深入最后一抹斜阳。黄昏过后，走进阳春三月，人飘浮着如坠云雾。

翠兰如月，清凉如夏夜的月色。饮进喉咙，月色直抵肺腑，身体一清。那清幽到后来都要出汗解衣裳，那清幽使人难忘。

绿茶若即若离的口感，仿佛女儿家浅浅的心思。

茶意浓

酒心淡下去，茶意浓起来。

对茶的态度，起先不以为意，大抵敬而远之。实在是少年心性离香甜太近，消受不了茶里的清苦与闲逸。

老家岳西是茶乡，春日地气升腾，茶见天长，农人三五天去一次茶园。茶摘回来摊晾在檐头廊下堂前宽敞处，碧绿绿一地，让人心生欢喜。那欢喜，多因售有所得。谷雨后，立夏前，芭蕉叶大栀子肥，茶芽也粗大了，这时农人才去摘一些回来家用。那时候的茶，形神俱野，苦味多一些，回甘里也多了点涩，劳作时格外解渴。

每年春茶季节，乡野风味挠心，从灯火通明中逃离，去桑梓稠密、禽鸟幽雅的乡下住几日。白昼早已变长，天黑得晚一些，晚饭时，在露天摆开桌椅，烧鱼炖肉，几碟瓜菜。喝点新茶，无须饮酒，乘着山风，竟也微感醺然。然后在天清气明的夜里，看月亮升上山来，梦也做得舒缓。

这些年梦做得越来越少，也不再贪睡，窗口甫一透亮人就醒了。醒得更早的是采茶人。清明谷雨时节的茶最珍贵，采摘售卖补贴家用，乡农舍不得自家喝。不论天晴还是下雨，茶园里总有采茶人的身影。小时候偶尔也去茶园，人与茶树一般高，一叶叶摘下，半天刚刚盖住箩底，急也无益。

雨天采茶多有不便，连日晴空，又晒得辛苦。从此知道世人艰难，一口热饭滚汤要从劳作中来。至今对茶有爱意也有敬意，一叶一芽经自然之力，又出自人手，衣食艰难，要惜物惜福。

如今已经忘了第一次饮茶的滋味与感受了。初尝此物，是少年时代，喝的是自家土茶，母亲手制的炒青。

母亲做茶总在夜里。晚饭后收拾厨房，铁锅洗得无一丝油腻。那时候油荤是稀罕物，洗锅倒也简易。母亲在台上翻炒，我在灶下看火，杀青时火不可小，烘焙时火不可大，最好是炭火，微微发出热力。外面有雨或无雨，有月或无月，虫鸣七八句，蛙叫两三声。冬日糊上的窗纸残损大半，杀青过的茶在砧板上揉搓成紧紧一团，碧绿的汁液渗出来，风吹山林，一股股生青气透过窗纸在山村飘忽游荡。

茶叶做好，摊放一夜，干爽后收进铁桶，密封紧，不让走气。回想起来，那茶形制卷曲，滋味只有涩与苦，或许也有一些香，算不得好茶。其中慈母滋味，山高水长。

有好茶喝，会喝好茶，是清福。过去农人能享这清福的实在不多，每日田间地头劳作，喉干欲裂，喝茶纯为止渴。茶用大水瓶泡着，躺在草丛里，茶叶再好也闷得颜色重浊泛红。

故乡人家红白喜事，有酒也有茶。茶倒入铁锅烧开，类似大锅汤药。倏忽间，一股清苦冷幽的茶气从厨房涌出来，一院子茶香。大锅茶谈不上色香味，汤汁焐成了绛红色或者橙黄色，盖住了寡水之味而已。来客有专人倒茶，一只只小饭碗盛了递过去，间或还切几根姜丝放在碗底。如果是喜宴，碗底多一枚红枣。茶水倾泻汩汩流入喉管落肚的感觉，有些温润，有些苦涩，也有说不出来的浓浓生活味。

做茶时节，杜鹃花开得正好，一簇又一簇新绿衬得红花有说不出的喜气。一边读小说一边喝茶，实在是书事勾人，茶每每一气一杯，不耐烦一口口抿了喝。妙玉一定不喜欢，讥笑是牛饮，然充盈喜悦，喜悦无所谓高低无所谓大小无所谓贫富。

茶叶泡在水中，少年时惊讶如一朵花开，凑近灯光看，仿佛天边升起雾霭。窗外，夏夜原野小虫低鸣，蜘蛛在结网，蜻蜓停在木桩上，蚂蚁从石桥上爬过。

粗　茶

灶头上贴着木刻人物版画，起先以为是高老爹。高老爹是名兽医，我乡清朝乾隆年间人，医术如神。

高老爹：真是好马，可惜肚子坏了，三日必死。

官差：跑江湖的讲瞎话。

高老爹：三日内，此马不死，我不为兽医。

官差：走着瞧。

愤愤离去。

见死不能救，高老爹一脸无奈，叹息而归。

三日后，马毙。开膛破肚，脏腑焦黑。

高老爹的故事自小听得熟。祖父一边喝粗茶一边给我讲古，故事又老又土，诡异，充满巫气。

灶头上的木刻人物版画，后来才知道是灶神。乡下人称其灶王神，或称灶神爷。烟熏火燎，灶神满面油灰。

他们在炒粗茶。

春茶舍不得喝，卖了补贴家用。粗茶是夏茶，味重，苦涩。乡下人出力多，粗茶止渴。

田间地头，粗茶泡在大玻璃杯里，枝大叶大，粗手粗脚。

一个小男孩躺在树荫下睡觉。

小男孩是我。

明前雨前

有年朋友去山里买茶，明前的岳西翠兰。开春后下了场雪，朋友感慨：新茶真贵。去年一斤的价格，今春只能买六两。我对朋友说，你是有缘人，这一轮春茶，因为下雪的缘故，品质特别，香气沉潜。雪打过的春茶，何其难得。听我这么一说，朋友欢喜了。

返城后朋友送来半斤明前新芽。明前茶好是好，唯滋味淡远，不经泡，往年喝上半个月尝新，转而喝雨前茶。今年的明前茶，因了一场桃花雪，泡在杯底，入嘴沉而稳，回甘亦好，有些绝唱的意思。

明前茶好在形上，刚冒尖的嫩芽，娇娇怯怯又落落大方，投入杯底，叮咚之声络绎不绝。翠兰、碧螺春、龙井、毛尖、瓜片、黄芽、安吉白茶、黄山毛峰、汀溪兰香，这些茶的明前新芽我喝过，回忆起来，仿佛选秀，眼花缭乱。

我喝过的绿茶，品类不同，茶形有别，其明前新芽皆有共通处：口味新鲜，入嘴有不经世事的懵懂。雨后茶不是这样。雨后茶气韵饱满，入嘴的不经世事变成了柴米油盐家长里短。

《茶经》说："凡采茶，在二月、三月、四月之间。"说得很宽泛，只要是春茶即可。不过唐宋人用团茶研末法，分辨不出明前雨前。朱权《茶谱》认为好茶当于谷雨前，采一枪一叶者制之。张源《茶录》更明确提出，采茶之候，贵及其时。太早则味不全，迟则神散，以谷雨前五日为上，后五日次之，再五日又次之。许次纾《茶疏》看法又稍微不同，他认为"清明太早，立夏太迟，谷雨前后，其时适中。若肯再迟一二日，期待其气力完足，香烈尤倍，易于收藏"。他还说："吴淞人极贵吾乡龙井，肯以重价购雨前细者，狃于故常，未解妙理。"

我喝茶，不重明前雨前，专讲来路，只要来路正，雨后茶也无妨。雨后茶比马后炮强。

友人曾送我雨后的岳西高山野茶，长于苦寒之地，一芽三叶兀自二八佳人，形神双绝，滋味又锐利又稳妥，比惯常喝的明前雨前更胜一筹。

煎　茶

一片茶叶细小纤弱，无足轻重，与水融合，则开始神奇，变得神气。

茶叶少放一些，不习惯浓茶，涩涩的，不合口味。也不喜欢太滚热的茶，烫。喜欢淡茶，茶令人爽，只能针对淡茶而言。王士祯在《香祖笔记》中说："然茶取其清苦，若取其甘，何如啜蔗浆枣汤之为愈也。"话虽如此，仍不喜欢苦茶，在饮食上，我趋甜避苦。

生自茶乡，并不善饮茶，少年时嫌费事，还是白开水方便。近年始，稍领陆子意，恰冬日清寒，读书与工作间隙，喝茶遣兴。丢开工作与书本，泡一壶茶，独自一人，或约上三五知己，找个地方把盏闲话或废话，这是生活的趣味。一壶茶中，一往情深。

喝绿茶用玻璃杯，透明，观颜色，赏神态，品风味。喝茶，一人得闲，二人得趣，三人得味。

最难忘夏天长夜，团团围坐于竹床上，人手一杯温茶，说着年成，议论家事。小一点的孩子缠着老祖母哼哼唧唧，大一点的捕了很多萤火虫装在纱笼里。斯时斯景，自有融融趣味。

曾见过一轴巨幅山水，远景葱郁，亭台幽幽，小榭精雅，淡墨勾勒的木窗下，几个衣袂飘飘的古人坐在木案四周，黑白对弈，还是煎水煮茶？可惜非工笔画，看不清楚，我在心里默默将其当作古人的一次茶话会。

站在画轴下，气息宁静，茶水的清香似乎能穿越时空。

无端地，我觉得那是岳西的翠兰茶。

连喝三杯茶

从乡下归来，身子疲倦。是受了暑气，还是人太娇气？

年过三十岁，感觉体内清气下沉，浊气上升。中年是浑浊的。青年的气息清清平平。生活太紧张，太沉重，中年的肉身冒着浊气。

到合肥时，下了场雨。雨点迫不及待，在挡风玻璃前乱窜，雨刷左遮右挡，像理屈词穷的憨夫。

回到家，恹恹欲睡。洗完澡，倒在床上，做了一通梦，黄昏时分醒来。身体干燥，皮肤湿润，汗水濡湿床单。

起身烧水泡茶，采自岳西高山的野茶。每次回家，总有朋友送我茶叶。人在城市生活久了，钢筋水泥的气息太重，喝一点茶亲近亲近山水，多一点草木气息。

连喝三杯茶，方才感觉舒服，体内清气萌发。近来外出太多，闭门读书喝茶可养静气。

翠兰的四季

暮春时节，看树和草鲜嫩的绿叶，看新茶在杯子里翻滚。新茶入口，鲜。青嫩之鲜自唇而入，跃过舌尖，迅速弥漫开来，滑落喉底。醉了，醉得薄，一身绿意。

盛夏，喝着今春的翠兰新茶，突然发现，饮茶是一个空旷的过程。茶越喝越淡，喝到心中升起一轮明月自半空垂下。

秋天，在岳西和朋友坐在楼顶喝茶吃枣，是翠兰茶，新疆枣。后山树林大片大片的红枫叶。那个下午，至今想来，兀自在心头流淌着诗意。我想起杜牧“停车坐爱枫林晚，霜叶红于二月花”的句子，字里行间散发着晚唐风韵。现在除了喝喝茶读读书，已找不到晚唐风韵了。

好茶有人情之美，好茶有心血殷勤。春夏秋冬，一年四季，春华秋实，夏华冬实，秋华春实，冬华夏实，四时皆华皆实。人间并不寂寞，只因一口好茶。

茶喝浅了，添上水。茶喝淡了，换壶新的。

雨迷蒙，雪迷蒙，坐在檐下听雨看雪，一个人喝茶。一个人喝茶，不用说话。

昏昏灯起，暮色余光，携半盏茶汤归家烧菜。

茶　相

一杯翠兰像春日的阳光穿过松枝。茶极嫩，想起柳树新芽。三十岁后喝绿茶，最重其色。秀色可餐，一杯绿茶是我的晚饭。好绿茶之色，好红茶之香，好黑茶之味。昨夜喝安化黑茶，不温不火，不燥不热，低眉有观音相，落喉之际，金刚相、童子相、水墨相隐隐在焉。

翠兰茶我最多泡三开。

第一开：茶形极好，一根根沉浮杯中，颜色碧亮。有明显的兰香，轻咽入喉，其香沉在喉底，久久不散。苦与涩以及甜相互激荡，苦中有甜，甜中见涩，苦极淡，涩淡极，甜如凉风拂面，也就是说甜得清爽。

第二开：茶形开始散了。香味消退大半，涩与苦势头渐长，口感厚一些。与头开茶的清爽相比，这开茶不再嫩滑，唯灵性依旧。

第三开：茶形完全蓬松，年老色衰，残香残味。

一开茶以形胜，二开茶以色胜，三开茶喝一点余味。

补笔：岳西炒青记

老家岳西是茶乡，翠兰闻名遐迩。乡农常喝的却是自制的岳西炒青。炒青属绿茶类，有长炒青、圆炒青、特种炒青之分，不知道岳西炒青属哪一种。

我是喝岳西炒青长大的。

岳西炒青像用文言文写的笔记，少年时读不出它的好。十三四岁的时候，囫囵吞枣读了不少笔记，《东坡志林》《聊斋志异》《阅微草堂笔记》《子不语》，岁数不够，没读出多少好来。如今猛地想起，吓一跳，那些笔记的好，让人吓一跳。并不是说如今就懂得了那些笔记的好，但至少吓一跳，不复当年的瞎热闹。

炒青是茶叶的加工方法，与其相对的是蒸青。蒸青从唐朝发端，一直蒸到明朝，终于式微了，炒青大行其道。

炒青火大。有年春天，喝多了手工炭火烘焙的炒青，上火了，嗓子失声半个月。读来的印象，明朝人清朝人火气大些，不知道是不是喝多了炒青。

新制的岳西炒青冷藏几天再喝，茶叶的火气消退了，味道更平，平而足。好的岳西炒青，连泡五开水，入嘴兀自桀骜不驯。岳西炒青的好，正是好在桀骜不驯上。

炒青耐泡，哪怕是泡残了，仍有烈士暮年、壮心不已的慷慨，不经意间立马南山，拔剑四顾。这一点蒸青比不上。蒸青有水汽，做得不好，泡出的茶汤易流于寡。我喝茶不怕苦不怕涩不怕淡，唯独怯寡。茶汤一寡便失了回味，不如白开水来得舒爽。

朋友知我，每年惠送一斤岳西炒青，用雨前或明前茶精制而成。茶味甘滑，嫩且老，仿佛坐在春风里看秋景。用雨前明前茶做的岳西炒青，一来有空山新雨后的轻灵，又不乏天气晚来秋的惆怅。好茶都是这样，有阴有阳，阴阳互补。

春风好，秋景好，春风里看秋景，这样的好哪里找？只得喝喝岳西炒青。

好的岳西炒青，喝得出一段《天方夜谭》，也喝得出一段《聊斋志异》。

又记：

午饭前喝了杯岳西炒青，午睡后一股茶气兀自在嘴里呐喊。到底受了十足火功，清新中有股子烈性。岳西炒青是曹雪芹笔下的探春。若问缘由，边喝岳西炒青边读《红楼梦》去。

岳西炒青的烈性在绿茶里实属凤毛麟角。前几天写一信札，错把凤毛麟角写成了“凤毛羚角”，惭愧惭愧。朋友说无妨，羚角也不错，现在大贵。朋友还说他每年立夏必喝羚角汤，一夏无事。

也是，凤毛是什么毛，杜撰耳。麟角是什么角，还是杜撰。凤毛羚角有实有虚，将错就错，别有意味。

岳西炒青的做法并不复杂，但对技艺要求高。第一要义是炒，炒好青茶。炒老了，茶味涩；炒嫩了，茶味出不来。炒之后，又要揉，揉好了，茶形才好看，茶味才正。过去每年做一点岳西炒青，揉茶之后，第二天一手茶香不散。

乡下有人把炒青当药喝。感冒受凉了，泡一大瓶岳西炒青，浓且热，热得发烫，喝饱喝足，发出一身汗，身子好了。

岳西炒青不香，当然，这是一己偏见，母亲就觉得香。我说岳西炒青不香实则因为它的香太浑实，香气非得漫漶非得缥缈才是上品。岳西炒青香得太满了，让人不容易觉出香。

香的好处，全在空灵，除了菜饭香要香得富足之外，不管是沉香檀香草香还是茶香，皆要跳脱。

我喝岳西炒青泡得淡，一来是怕苦；二则泡浓了，入嘴味道太满，不得回旋。岳西炒青要用热水，小口喝，不妨用小盅，一连喝十几盅，滋味就上来了，不仅滋味上来了，滋味还长着呢。

储劲松

安徽岳西人，中国作协会员，岳西县文联主席，安庆市作协副主席。作品400余万字散见《青年文学》《天涯》《山花》《雨花》《散文》等，部分被《长篇小说选刊》《散文（海外版）》《散文选刊》转载。著有《黑夜笔记》《书鱼记：漫谈中国志怪小说·野史及其他》《雪夜闲书》《草木朴素》等。曾获安徽省政府文学奖等奖项。

石佛寺问茶

山雾茫茫一白，自山脚往山腰逐渐加深浓度，先是烟白，继而月白，最后是乳白，体量也逐渐庞大。到了石佛寺前，大雾混沌如汪汪千顷之波，把同行诸人、古松、顽石、荒寺、红豆杉、草径、众山和两百亩茶园悉数淹没如天上紫微宫。想起《红楼梦》里警幻仙姑导引贾宝玉进入太虚幻境，此一具肉身渐渐稀薄，轻盈通透，似乎轻轻一踮脚尖就能驾雾起飞，衣袂猎猎追随王乔而去。

茶香亦复如是，先是幽幽一线，越接近石佛寺，茶香就越清晰浓烈，昆虫一样成群扑入鼻孔，在胸肺里蓄积、凝结、抟转，然后随着呼吸一团团徐徐地漫溢出来，周身发肤衣衫都像在茶汁里浸泡过。久之，神志恍惚如痴。我醉过酒，醉过烟，醉过氧，每来一次石佛寺就再醉一遭茶。清人李庆辰写过一部《醉茶志怪》，其小说有蒲松龄和纪晓岚之风，也有荒岭野茶之味。他别号醉茶子，是也常醉茶吗？以为醉茶如醉酒，自己都能闻到身上的酒香和茶香。

有人在山上弹古筝，是《二泉映月》，琴音淙淙，破雾而来，月光一样融融泄泄。溪水也淙淙，鸟语也淙淙，密密的松林里复瓣的映山红艳如玫瑰，开得又寂静又热闹，是别一种淙淙。这个叫石佛村的地方，总会令人想到世外。已是四月底，时令即将入夏，皖鄂边境的岳西县包家乡石佛村茶园村民组的茶，才刚刚开园采摘。一百多个外来的和本地的采茶女分散在茶山中，雾太大，只能看到两三个，她们两手飞快起落于茶棵之上，雾中望去如同舞蹈，如鸟觅食，也如弹琴。

斯情斯境，我也想提一只竹篮子，加入采茶的队伍。生在茶乡，打四五岁起，每年茶季我清早五点就跟母亲上山采茶。到了十二岁左右，我已是村里有名的采茶能手，既快又好，远远超过母亲，家里的茶有好些年都归我采。采茶之技无他，专注而已，露水打湿裤脚我不知道，乌梢蛇、胡蜂和蜥蜴来访我不知道，鸟在鸣、花在开、覆盆子又红又甜我不知道。只知道到了早上七点，离茶山不远的县城，高音喇叭里蒋大为会准时唱起《在那桃花盛开的地方》。于是赶紧拎着篮子飞跑下山，回家匆匆吃过早饭去上学。采茶的时候，我心凝神聚眼疾手快，眼里只有一棵茶一枝茶，只有娇嫩的新芽。少年时我并不喜欢喝茶，觉得苦涩，却很享受采茶，以为诸般农事多艰辛劳苦，唯有采茶十分诗意美好。被茶汁染得墨绿的十个手指，一整天都带着茶的清芬，课堂上可以醒脑提神。

愣神的当儿，有人从小径上轻快地走过来，雾里飘飘然。他喊着我的名字，才知道是春生兄来迎接。他是我的本家，也是石佛寺茶园的主人，十年前他放下做熟了的道路桥梁工程，以外乡人的身份承包了这片茶园，与当地茶农签了三十年合同，从此专心事茶，从此言谈无非茶事。我的朋友里有好几个种茶、制茶、研究茶的茶痴，他是其中一个。

两年不见了，春生兄面貌稍显沧桑而热情依旧。香茗好喝，事茶不易，他在山上坚持做有机茶十年，富了茶园组的十户茶农，每年付给他们的茶园租金以及整地、锄草、施有机肥、采摘、制作的工钱，都有上百万元，帮助他们脱贫致富走上了小康路，年底集中发放的时候现金堆成一座小山。这还不算每年付给外请采茶工的三十万元左右的工资。他自己则还未有收益，仍在不断地投入。他开在合肥的公司，开在县城的饭店，这些年的收入全部投到了茶园。当初，他未必不是来赚钱的，一年复一年过去，茶于他与其说是生意，不如说是情怀。每回见到他，他都会说："不管是赚是赔，我都要守护好这一片好茶山。"

这的确是一片好茶山。

吾乡岳西在大别山腹心，境内千米以上的高山有一两百座。自古高山出佳茗，岳西的茶古时即为贡茶，二十世纪八十年代新研发的岳西翠兰闻名遐迩。其茶形似兰花，自然舒展成朵如兰，色泽翠绿，汤色浅绿明亮，滋味醇厚鲜爽，香气清高持久亦如兰。吾乡的茶以石佛村所产质地最佳，石佛村又以茶园组石佛寺周围这一片所产"石翠"为极品。其鲜叶有鼠曲草和幽兰之香，抓一把放在鼻子底下嗅闻，香气纯正和美，毛茸茸软糯糯的，引人入幽谷芷兰之境。

石佛寺的茶好，因为生在高山上，更是小气候使然。这里的小气候是很特殊的，此次来一路所见就是例证：千余米的一座大山，山麓艳阳朗照，山腰雾气弥漫，山顶名为三天门处则细雨如织丝。茶园组是一个封闭的自然村庄，坐落在山腰上，大山在背后张开双臂将其环抱，只在前方留一个小口子供人进出，溪水也自此流出，向淠河潺湲而去。我在这里吃过饭，蔬菜都是菜园子里现采现摘的，鱼肉是农家养的，只说那一道白萝卜煮黑猪肉，即可称绝品，令我至今思之流涎。绝品美肴无非自然，无非天真，味蕾可识，文字不可描述也，一描就偏。我只能说，我从没有吃过那样好吃的萝卜。

茶好不愁卖。每年，这里的新茶还未开始采摘，多半就被老客户订购了去。更有一些如张岱所言的"茶淫橘虐"，在开园前就不远千里赶来，住到春生兄建的石翠山庄里，指认一片茶，守候采摘、制作、包装全过程，生怕别人抢了去。价格也是可观的，顶级石翠卖到了三万八千元一斤，足以与美玉相媲美。普通的炒青绿茶，每斤也要八百元以上。照这样算，茶园的收入是很可观的。但是，这两百亩茶园每年产出的干茶，不过两千余斤，遇冻灾之年不过千斤。春生兄有意控制品质是其一。高寒山区初春的风雪冻雨经常把茶树冻焦，致使产量大打折扣也是一个重要原因。还有一个因素，这里的茶要晚出一个月左右，此时气温上升极快，新茶一日一夜长一寸，根本来不及采摘，春生兄只好徒然望着它们迅速老去，如同看着好年华被时间一丝丝抢走。

春生兄坚守此地，建标准化茶厂、盖山庄、修道路、安路灯、栽花木，贴进去一两百万元，只为了当初的一个承诺：保护茶山，做有机茶。在茶季，他在村口设一个卡，茶园组以外的茶草不准进来，本组的茶草也不准出去，保证了鲜草的纯正。从不施化肥和包括除草剂在内的农药，保证了茶的有机品质。他有个外号，叫“有机傻子”。他傻就傻在宁愿花费不菲的工钱请人锄草，也不肯喷洒除草剂。偶尔虫子爆发，宁愿虫子吃尽新芽也不肯打一滴农药；宁愿产量低，也不肯施一两化肥。十年过去，这片茶山越来越蓬勃，石翠品牌也越来越出名。他是茶园的主人，也是仆人。

不管什么时候见到春生兄，他都是三句话不离“茶经”，热情而周到。这次见面，我打趣他道：“你住在山上，环境这样好，算得半个仙人，真是羡慕你呀。”他朗笑，摇头，又点头。我知道他是不容易的。

春生兄领我们看石佛寺，看半棵神茶，一路茶言茶语依旧滔滔不绝。

石佛寺在茶园的中心，前后有几棵百年以上的老松，高大蔚茂自然成画。寺其实是一座废寺，甚至谈不上寺，只是前几年才盖的一间简陋的屋子，里面有十几尊石头佛像，没有一个僧尼。寺极简陋，那些石佛却是文物，其五官面相和坐姿神态与其他寺庙中的佛像绝不相同。前几年有文物专家考证说是元代造像，塑造的是蒙古僧人形象，并说如果论岳西的文物，这些石佛无疑为第一。这些石像早先一直被遗弃在荒野中，任风雨剥蚀，后来才被当地保护起来。

县志上说，石佛寺建于清代乾隆年间，显然是指从前的寺，但也显然是误记。撇开石佛造像是否为元代不论，从原寺遗址上挖出来的六通碑则是明证。这些碑分别刻于清代乾隆、道光、同治、光绪年间，其中一通落款为“大清乾隆三十一年七月谷旦”，碑文开篇就说“包家河石佛寺，古刹也”。也就是说，在乾隆三十一年（1766），石佛寺就是古寺了。我见过这些古碑，碑上文字大多剥蚀磨灭得不成样子，只剩断简残编，无法通读。我半识半猜，仅认得其半。其中一碑说：“从来名胜之境，志于经传者，亦屡屡。但莫为之前，虽美弗彰；莫为之后，虽盛不传。衡岳胜状，在锁口二山，棱嶒突兀，气象万千。”中间一句，取自韩愈《与于襄阳书》。衡岳当是指作为山名的霍山，也即汉武帝所封古南岳，包家乡这一片区域在 1936 年以前属霍山县，为其南乡。气象棱嶒的锁口山，在三天门对面。

我很喜欢古碑，见到了必拍下照片或寻来拓片，留待闲暇时仔细琢磨，以为人生乐事。这次再见到这些碑，忽然想，天下名山僧占多，僧家多爱一杯茶，石佛寺周围的这片茶园，当初应是寺里的僧人所栽。而长在寺后方二百米处乱石窠中的那半棵神茶，也许可以追溯到元代。

茶称为神，又是半棵，自然是有故事的。在大别山区，很久以来，几乎孺妇皆知“三棵半神茶”的传说。说是传说，却又有依据，其中一棵半在岳西境内：青天乡明山寨有一棵，但一直未曾找到；包家乡有半棵，就是石佛寺里的这半棵。这半棵神茶我见过多次，植株与其他茶树没什么差别，其神奇之处在于，此茶树一株两品，一半发苗早，一半发苗迟个把月，早的一半与石佛寺其他茶树无异，迟的这一半芽叶尖细，叶子的香气更为浓郁。

半棵神茶是被当地茶农当作神祇来供奉的，严禁采摘，旁边立有标识保护的石碑，并有碑记，其中引用了古人的一首诗：“三天门下半棵茶，神仙能看不能拿。若是饮得此茶味，千里迢迢不想家。”它是茶的祖宗，茶人见之当礼敬朝拜。

山中寒凉，春生兄领我们去石翠山庄喝茶，听古筝。一饮满口香，再饮舌生津，三饮胸口暖，四饮我神清，五饮通体清明舒泰如上仙。三天门下，着唐装弹古筝的女子在演奏《高山流水》，隔雾看来，其挑、勾、剔、摘的手势也如采茶。

告别春生兄时，他送出很远，一直过了村口。忽然想到，人与茶的相知、相惜和相敬，其间情意，也是伯牙子期，也是高山流水。

黄亚明

安徽岳西人，中国作协会员，安徽文学院签约作家。作品散见于《诗刊》《作品》《青年文学》《散文》《散文选刊》《散文（海外版）》等期刊。曾获孙犁散文奖、安庆文艺奖等。

老茶记（外一篇）

在姚河竹山，茶是春日的丝弦。

天空像个靛蓝的瓦罐，古老安静地卧着一些麦种。惊蛰、春分，麦种起身，孵出万千云朵、巉岩、沟壑、豺豹，以及广阔植被、蓬头山鬼和流速不明的溪水，山色被鸟声叫深了几寸。白云皴染，烟光日影露气浮动于疏枝密叶之间。满山黄荆槎、南京椴、山拐枣、杜鹃、青冈栎、枫香、山桐子、冬青，枝叶或疏或密。而一丘丘、一畦畦的茶，在田畈上密不透风，只留几条狭窄的沟垄，供茶姑往来，背篓里似是星光点点。斜坡多乱石，乱石间多茶棵，均粗头乱服。我曾以为是粗茶乱服，粗茶与乱服才是绝配，门当户对。记得小时候偶尔在乡下割麦，着破衣破裤，眼前是让人眩晕的金黄一片，镰刀带来的却是望不到尽头的绝望，不到半小时，便腰腿酸软，汗流浃背，最后干脆一屁股坐下，拿起大茶壶，咕嘟嘟一气灌下，随即舒爽，筋脉通达。这种茶叫黄大茶。

黄大茶不是明前茶，不是雨前茶。黄大茶是夏茶，皮老肉糙，凌厉的滋味像武师打拳。牛饮一碗后，却沉浮起肉体的欢愉。

黄大茶是堂鼓马锣的秦腔，喧嚷轰鸣，泥沙俱下，回肠荡气。

明前茶是江南丝竹，清声泠泠。雨前茶是山地花开，蕊飞花绽。雨后茶是苦行僧，叶气夺过芽气，如古刹映黄叶，灯下夜归人。

竹山的茶树老到树龄有三五百年。三五百年够长，多少兴废，不问兴废。古茶园里，蓬勃生长的有二十多棵老树。其中两棵枝叶交缠互抱，主干碗口粗，苍老，遒劲，附生绿苔。老叶上头簇簇新，俏立一芽，一芽一叶，一芽两叶，依旧新嫩一片，像画在宣纸上的绿墨，有春水濡湿的糯软。老叶青碧，老叶里有苍苔气，味厚质苦。老叶苦心孤诣，捧起的新芽似乎不沾尘俗，如同游动的一滴滴清水。树干不过一两尺高，苍褐深寂，老节拳拳突起如旧疤。皖地的茶棵不算树，亦不算草，顶多算灌木而已。与滇黔速生高大的乔木茶相较，虽小如累卵，却一样日月悠长。

不多的农户，屋前屋后被春茶簇拥。茶园四布，散落的白墙黑瓦，像人神合谋的风景。

竹山人刘会根一生在山里辟园种茶。他开车带我们从古茶园上山，坡陡弯急。其下深壑千尺，其上天高云淡。待抵达一狭长坪畈，新绿唧唧，阳光如煮，万种或翠绿或灼红的鸟声似剧烈的窑火历久不息，不舍昼夜地尖叫、跳动，铸出堆如山丘的浓香。

凌云俯视，山腰的池塘如绿豆，人家的黑瓦卧伏如黑豆，采茶人如芝麻，只有蜿蜒的公路如白丝带，快要系不住茶园的绵延奔放了。空气中膨胀滚烫的新绿，像从大砂锅里溅出的浓美汤汁。

一个小小的坪畈，地开两县。山北是舒城县白桑园，灌木和松杉葳蕤，迹近无路，是舒城小兰花的经典产地。山南是古竹山，横柯上蔽，疏条交映，是岳西翠兰的发源地、核心产地之一。偶见有茶农采得满篓鲜叶，视危崖若无物，开车或骑摩托飞速下山，疑是现代版的乘鹤神仙。

松下问童子，言师采茶去。只在此山中，云深不知处。

云深处，刘会根与老茶树的彼此知遇，业已五十九年。他是制茶的神仙，与茶心意相通。树是人，茶是人，人亦是一壶大肚难言的茶。

石佛寺记

山深藏老寺，名曰石佛寺，位于大别山南麓，皖西南，隶属包家乡。周遭云横雾漫，山川清凉。石佛一词，空灵寂静，如叶落空山，又如木鱼声“笃笃笃笃”，昼夜不止。石佛寺读来则如嵌在峭壁上的楚音，清癯苍冷，荒疏枯涩。黄昏的山风吹来，吹开偏居一隅的寺门，一阵阵的冷，又有繁华将逝、明灭变幻的空茫。

春日的石佛寺外，满眼繁花的喧闹。一山绿，绿中掺红，一山新叶老枝，一山夕辉，一山芳菲，荡荡春色如水，没心没肺。简陋的寺门内，荒废破败，三尊旧迹斑斑的大石佛，数十尊小石佛，油漆剥落，外用木板护体，石不像石，佛不像佛。数块碑刻，字迹模糊，其中一块疑似提示于道光年间重修。石佛更不见乾隆三十一年（1766）初建时的辉煌，唯岸边三两枝桃花，渥然似托举旧梦，开得人眼热心跳。

溪水间游鱼历历可数，鹅卵石一块块，倒映天上白云的无穷变幻。

世事如家常，石佛寺是极简叙事。

寺边右首有古松，虬枝凛然。古寺，古松，在天地间各自像一片微小的绿影，被古僧扫进了夕阳的群山之中，一时寂然。一时出神，神飞四野八极。

石佛寺产茶，产佛茶，产神茶，产仙茶。海拔八百米以上的茶山绵延数百亩，一大片绿铺天盖地，仿佛幻觉在沉静堆积，风一吹，并未有丝毫摇动，只是使绿意变得越发强烈、浓郁：石佛的绿影，新老叶片的绿影，茶姑的绿影，采茶竹篮的绿影，路边小狗的绿影，白墙黑瓦的绿影，光阴的绿影，水泥村道的绿影，整座山中乡镇的绿影……

石佛有颓唐之美，破败之美。诸神用神来之笔，种神来之茶。神佛之绿有仙气。寺边一棵母茶树，被乡民视为神茶，半边是长椭圆形叶片，茶味普通，另半边是柳叶形叶片，茶味醇厚，所谓大别山中“半棵神茶”。茶做半神，人做半仙，肉身沉重，食得烟火味，便是笑口弥勒。

壶居士《食忌》中说：“苦茶，久食羽化。”所谓日曝夜露，便一叶羽化，百叶登仙。山中风月滋养，水落石出，遂神气阗溢。

茶树名石佛翠，石佛翠滴翠，静气盎然。所制茶名岳西翠兰，略苦旋甘，清香似暮春草木入怀。

我喝了一口纯正的翠兰茶，心中像覆了一片民间的青瓦。

手工翠兰茶，到顶级便是翠尖，一芽独立，千娇百媚。手工都是岁月的知己。翠尖的手工，来自老茶人冯立彬，他几十年默守山中，种茶、育茶、采茶、制茶，又独创翠螺形翠兰茶，手心一捧，如无数翠绿法螺横陈春野，鼓荡一鸣千山振。这一切的好，全好在天性。民间小寺和山水，留下真善仁义信的天性印迹。

石佛寺不大，石佛寺很大，芥子中藏须弥。山到高处即为仙，潜藏白鹤、溪水、游云，杉木和松柏都怀着古人的赞美，心中都住着清风。

正是清明之后不久，天气清明，万物晴正，山似一棵石佛翠，水似一汪碧螺春。

入夜饭饱，辞冯立彬而去。他眉眼内敛，暮色里垂手而立，像极了清寂的佛陀。

卷二

专家论道

操声焰

岳西县农牧渔业局原副局长，1983—1985年主持岳西翠兰创制。

我们是怎样创制“岳西翠兰”的

“岳西翠兰”是我们在改进、提高我县地方传统名茶——小兰花生产技术的基础上创制出来的。

我县位于皖西大别山区。茶叶生产历史悠久，品质优异。早在唐代中期就已有茶树的栽培，历史上遐迩闻名的大别山三棵半名茶，我县就占一棵半。我县姚河乡香炉冲、祝山一带早在一百多年前就已开始生产小兰花茶（曾销往皖南歙县一带）。为适应市场需要，开发利用我县丰富的茶叶资源，尽快把资源优势转化为商品优势，加快我县茶叶商品经济的发展，帮助山区人民尽快脱贫致富，我们于一九八二年就提出了恢复、创制优质名茶的设想，一九八三年着手进行试制，一九八五年投入了小批量生产。

一九八二年，我们组织力量对全县重点茶区和历史上生产优质茶的地区进行了综合考察，并在全县茶叶区划报告中首次提出了提高小兰花茶品质，恢复“天堂云雾”和积极准备着手创制优质名茶的意见。一九八三年，我们在包家乡石佛村采用毛峰茶和小兰花茶的制作工艺，试制了茶叶样品。在当年安庆地区优质茶评审会议上，主持评审的安徽省茶叶科学研究所副所长舒庆龄、安徽农学院茶叶系讲师陈慧春两位同志认为该样品色泽翠绿、条嫩多亮、香气纯正尚浓、汤色浅绿明亮、滋味鲜厚、叶底嫩绿鲜亮，授予安庆地区优质茶一等奖。这给了我们很大的鼓舞和鞭策，使我们看到我县茶叶内质确实十分优异，只要认真总结钻研，一定能制出优质名茶。一九八四年，我们在认真总结一九八三年样品试制工作的基础上，在姚河乡的香炉冲、祝山，包家乡的石佛寺，班竹乡的公界山，头陀区的门楼、乐道，五河区的徐龙，菖蒲区的田头等地区进行了扩大试制。在试制操作中，我们提出了严格的鲜叶采摘标准，一律选用色泽均匀、大小一致的一芽二叶初展为原料。在炒制工艺方面，我们提出了控制投叶量、高温杀青、毛火高温快速烘焙和多次干燥的技术措施。这些都比制小兰花有较大改进。当年，县内举行了评审会议，获得前三名的样茶送往安庆参加地区一九八四年优质茶评审。在这次会议上，我县的样茶又一次在同类样品茶中夺魁，荣获一等奖。与会者认为我县样茶条索舒展，匀整成朵，色泽翠绿鲜活，香气较长，滋味鲜厚，汤色清鲜明亮，叶底嫩绿匀亮。会议初步把我县的样茶定名为“岳西翠峰”，并确定送往香港展出。“岳西翠峰”在一九八四年我省出口商品预展中获得好评，并参加了一九八四年八月在香港举办的我省出口商品展览会和一九八四年十二月商业部在郑州举办的全国茶叶交易会，深受与会者的欢迎。

一九八五年春茶期间，我们一方面推广翠峰制作技术，组织进行批量生产，生产单位由一九八四年的八个增加到二十四个，产量由一九八四年的三百多斤增加到一九八五年的一千四百多斤；另一方面组织茶叶技干研究改进，提高翠峰品质，完善其采制工艺。在炒制操作上，一改过去一直用竹帚翻炒杀青为先用竹帚翻炒杀青，后用手工翻炒整形。在一九八五年五月安庆地区优质茶评审会上，“岳西翠峰”再次夺魁，荣获“三连冠”。

这次会议根据该产品色泽翠绿、形似兰花的特点，将其更名为“岳西翠兰”，并确定参加省优质茶评审。一九八五年五月下旬，经省厅和省茶学会联合预审，“岳西翠兰”被选送参加农牧渔业部和中国茶学会六月上旬即将在南京举行的全国名茶评展会议。这是我县茶叶首次参加全国评展，意义十分重大。一九八五年六月八日，从南京传来振奋人心的喜讯，经过八十余位专家、教授、学者历时五天的评审，“岳西翠兰”被评为全国新名茶。专家组给“岳西翠兰”下的评语是：“品质优异，风格独特。”“岳西翠兰”一跃跻身于全国十一大新名茶之列。这表明我县名茶创制工作取得了重大成就，我县茶叶生产的历史从此揭开了新的一页。

回顾“岳西翠兰”三年多来的创制实践，我们深深体会到，我县名茶创制工作之所以能在短期内取得突破性的进展，其主要原因有以下几点。

一、我县有生产名茶的自然、资源条件和技术基础。我县现有茶园五万七千多亩，大多分布在海拔五百至一千米的深山峡谷之中。这些地方，土壤湿润肥沃，气候比较温和，雨量充沛，昼夜温差大，漫射光丰富，因而茶叶内质十分优异。我县茶树品种资源也较丰富，既有当地优良群体品种，又有从外地引进的优良品种，还有一些特殊类型的品种。此外，我县茶叶技术力量也较雄厚，历史上又有生产地方传统名茶——小兰花的经验，这些都为我们创制名茶提供了坚实的物质基础和技术基础。

二、各级领导的高度重视和有关部门的支持配合。我们创制名茶的工作一开始就得到了县委、县政府领导的高度重视。县委、县政府领导同志多次主持召开专门会议，强调发展名茶生产的重要性。省厅、安庆行署农业局等上级业务主管部门给予了较大的技术帮助。自一九八三年以来，我们一直把发展名茶生产作为发展多经生产的主要项目来抓，年年层层搞技术培训，多次召开相关人员会议进行讨论，部署名茶创制工作。今年春茶期间，我们亲自带领茶叶技干到各试制单位进行现场指导，参加试制劳动（在创制期间，各区农技站都给予了很好的配合）。为搞好名茶销售，提高经济效益，经县政府批准，我县于春茶期间成立了茶叶联营公司。

实践证明，领导的重视和各方面的支持，是我们创制工作取得成功的重要支撑。

三、茶叶技干和试点单位人员付出了辛勤的汗水。在创制期间，全县茶叶技干全都深入试制单位与当地茶农同吃同住，一道参加采制，进行现场指导和示范。在没有专家、教授、学者指导的困难条件下，他们一方面注意向制茶经验丰富的老农学习、了解、总结小兰花的制作技术；一方面注意研究如何在改进、提高小兰花的基础上创制出具有岳西特色的新名茶。在整个创制过程中，全体茶叶技干和试点单位人员不怕苦，不怕累，表现出极大的工作热情和忘我的牺牲精神，为我县名茶创制工作付出了艰苦的劳动，流下了辛勤的汗水，做出了巨大的贡献。

“岳西翠兰”自创制以来，就以其内外兼优的品质吸引着广大茶叶消费者。一九八四年在郑州茶叶交易会上，常州代表要求一次供货二十至三十担。今年首次投放南京市场，零售价每斤达四十二至四十五元。仅按县内收购价每斤十元计算，茶农生产一担翠兰茶比生产一担黄大茶收入可增加五至九倍，比生产一担炒青绿茶可增加三至四倍。我县头陀区乐道茶场今年生产翠兰一百二十一斤，仅此一项收入就超过了一千元。今年尽管生产量比往年大，价格比往年高，但还是有许多顾客慕名而来，竞相购买，致使产品供不应求。根据市场预测，今后“翠兰”的需求量将逐年增加，可见“翠兰”销售前景十分广阔，“翠兰”生产大有前途。

为满足广大消费者的要求，增加茶农茶叶收入，从今年起，在头陀、来榜、主簿、五河等区的优质茶区着手进行名茶商品基地建设。计划到一九九〇年建成面积为三至五万亩的名优质茶商品基地，生产“岳西翠兰”一千担、优质小兰花茶四千担。按收入购价每担“翠兰”二千元、每担小兰花茶八百元计算，产值可达五百二十万元，茶农纯收入可达一百四十五万元，国家税收可达一百三十万元。基地建成后，茶叶总产值可达一千四百九十万元，茶农纯收入可达二百五十一万元，国家税收可达二百二十六万元。一九九〇年以后，随着基地建设水平的提高，茶树良种面积和采摘茶园面积的扩大，初制设备的改善，科学技术的普及，经营管理的改进，全县茶叶产量、产值将会有更大幅度的增加。

（本文系作者于1986年向安徽省农业厅做的工作汇报）

詹罗九

原安徽农业大学教授，
著名茶学家。

发展名茶经济，开拓茶文化旅游

当前，许多地方茶经济、茶文化、茶旅游，风生水起，态势喜人。安徽省岳西县以名茶岳西翠兰绿色文化为依托，融合红色文化、佛教文化、自然生态文化，发展旅游业，条件也十分优越。

岳西翠兰茶源流

鄂豫皖边境的大别山脉，在安徽境内又叫霍山山脉，是古老的皖西茶区，岳西、霍山、金寨，地处茶区腹地，六安、舒城、桐城、潜山、太湖、宿松，为皖西茶区之外缘带。

唐代，陆羽《茶经》有舒州、寿州为产茶地之记载。《国史补》有霍山黄芽茶之记载。《膳夫经手录》有舒州天柱茶之记载。北宋太平兴国年间（976—984），江淮间蕲、黄、舒、庐、寿、光六州设置十三场，榷大别山区之茶货。其中，舒州有太湖场、罗源场；庐州有王同场；寿州有霍山场、麻步场、开顺场。以上这些史料，从一个侧面说明唐宋年间皖西茶区茶叶产销之盛况。

1936 年 1 月，析潜山、太湖、霍山、舒城 4 县部分地域设立新县，因区域“适居潜岳之西”，故名岳西县。岳西地处大别山腹地，地跨长江、淮河两大流域，总面积 2398 平方千米，人口 40.1 万。

岳西境内山清水秀，森林覆盖率达 73%，生物资源极为丰富，1998 年，被列为国家生态示范区建设县，境内有妙道山国家森林公园、鹞落坪国家级自然保护区。生态环境适宜茶叶生长。

岳西名茶发端于 1958 年，曾创制天堂云雾茶。1982 年重整旗鼓开发名茶；1985 年 6 月，岳西翠兰茶荣获农牧渔业部“优质农产品”奖，有“中国新十大名茶”之美誉。

进入 21 世纪，岳西茶产业发展进入快车道。到 2011 年，茶园面积 13.5 万亩，茶叶产量 2900 吨，茶叶产值 3.49 亿元。其中翠兰产量 1165 吨，产值 2.39 亿元。茶叶均价 120.34 元 / 公斤，其中翠兰均价为 205.15 元 / 公斤。上述茶叶经济指标，均已进入安徽乃至全国先进产茶县的行列。岳西县已成为中国茶叶经济百强县。

2009 年 12 月，黄山徽畅投资有限公司出资 5000 万，在岳西县注册成立安徽翠兰投资发展有限公司，以推动岳西茶叶综合开发。

公司以惠及广大茶农为目的，与各路茶商同仁，在合作中竞争，在竞争中合作，引领岳西茶叶产业做强、做大。

公司创建之初，就着手整合优质茶叶资源，分别在姚河乡竹山和包家乡石佛建立茶园基地。这里是岳西翠兰的“核心产区”，平均海拔 800 米，终年云雾缭绕，茶园从不施化肥、农药。

2010 年 9 月 27 日，由胡锦涛总书记赠送给俄罗斯总统及其代表团成员的“百年 · 翡冷翠”岳西翠兰茶，就是安徽翠兰投资发展有限公司出产的精品。“百年 · 翡冷翠”从此跻身“国礼”茶行列。2011 年 3 月，公司生产的“百年翡冷翠”岳西翠兰成为全国政协十一届四次会议用茶，并得到与会委员的高度评价。

“百年·翡冷翠”岳西翠兰茶，入选全国两会用茶和外交部外事礼茶，并以国礼茶赠送外宾。这将有助于提升岳西茶的知名度和美誉度，促进销售，提高市场占有率。

开拓岳西茶文化旅游

岳西地跨江淮，历史上分属四县管辖，文化多样性十分明显。开发茶文化旅游产业，资源十分丰富。

岳西县是著名的大别山革命老区。自 1924 年到 1949 年，在岳西这块红色的土地上，发生了一系列有着重大影响力的革命战争和革命事件，孕育出一大批有着重大影响的政治家、革命家、军事家，留下了许多脍炙人口的红色诗词歌赋、红色戏曲，形成了独具特色的红色文化。

岳西县司空山是中国禅宗发祥地。南陈太建八年（576），禅宗二祖慧可隐居司空山，掘石窟而修禅，传衣钵于三祖僧璨，使印度佛教禅宗中国化，并成为中国佛教的主流教派。全县各乡镇正式开放的佛教寺庙有广佛庵、法云寺、诚意寺、二祖寺（司空山）、乐诚寺、慧明寺、甘露寺、朝阳寺等共 17 处（全县寺庙有百余座），形成了独具特色的佛教文化。

经数年艰辛的史料考评，岳西茶叶专家和文史专家们终于发现宋代六榷货务十三山场之一的罗源场，就在今安徽省岳西县温泉镇的资福村。

2012 年 3 月 13 日，专家们在岳西县温泉镇资福村进行实地考察，证实汤池畈确有罗源山、资福寺、资福塔，与《安庆府志》（1722 年版）、《潜山县志》（1920 年版）的记载完全相符。

罗源山海拔 400 多米，是“中敞如堂”的汤池盆地（古称天塘，今为岳西县政府所在地天堂镇）的中心和制高点，与四周山口的距离均八里。从罗源山顶放眼眺望，汤池盆地尽收眼底，茶园葱茏，古道悠悠。宋代在此设置榷茶山场，是大山里的茶叶集散中心。

3 月 18 日，温泉镇资福村村民为重修资福寺塔，在罗源山下资福寺石塔遗址清基，当清到塔基 1 米深时，发现一批文物，共计 21 件（套），包括金函 1 个（金棺上刻有“葬舍利金涵”等字样）、银函 2 个、瓷质花楞瓶 1 只、铜佛像 2 座、铁佛像 7 座、铜佛像座 1 个、瓷盒 1 个、北宋太平兴国年间（976—984）铸“太平通宝”等种类铜钱约 7 公斤，另有一些其他物品。经安徽省文物局考古专家鉴定，系北宋年间器物。

罗源场的发现，佐证了宋代潜山县汤池畈茶叶生产和贸易的历史，给岳西县茶史加上了浓墨重彩的一笔，为岳西茶文化源流积累了厚实的一层土壤。当今岳西之辖域，历史上也曾有古老茶区的辉煌。

江淮间十三个榷茶场在哪里？罗源场的发现只是一个开头。这应是宋代茶史研究的一个不可低估的成果！

岳西县地质构造复杂，断层发育绵延不断，有明堂山、司空山等十多处花岗岩山体。大山纵横，全境有千米以上山峰 69 座，奇松、怪石、云海、温泉、瀑布等自然景观多处。已开发的景点有明堂山、司空山、天峡、鹞落坪、妙道山、黄尾瀑布……

开发利用丰富的红色文化、佛教文化和茶文化，发展岳西旅游业，是实现岳西经济可持续发展的好项目。目前，罗源榷茶山场景区的开发，民间已在热烈议论，政府对此也很看好。

未来，岳西茶文化旅游风景独好！

（本文系作者在 2012 年“首届中国茶文化旅游发展论坛”上的发言）

钱子华

1955年生，安徽贵池人。曾任岳西县农委主任科员、县茶叶局局长，兼任岳西县茶业协会理事长、安徽茶文化研究会常务理事、安徽省茶叶行业协会常务理事、安庆市茶叶协会副会长、岳西县作家协会理事。先后发表茶文化、茶科技文章百余篇，担任《印象·岳西翠兰》执行主编。参编《中国茶叶·安徽卷》《岳西县碑刻拓片集》《岳西民俗集锦》《岳西县历代诗词》等多部著述。2009和2010年，两度评为“安徽省茶产业十大杰出人物”，2019年被评为“徽茶荣耀·建国70周年安徽茶叶功勋人物”，2020年被评为“岳西好人”，2021年被评为安庆市“百姓学习之星”。

一曲高腔戏，百年茶叶香

——岳西高腔《采茶记》茶文化赏析

岳西高腔《采茶记》，是一部突出反映皖西茶事的地方传统剧目。从高腔、茶叶史料及剧情分析，剧本应形成于清代康（熙）、乾（隆）之际，距今已有200多年历史。全剧分《找友》《送别》《路遇》《买茶》四场，穿插《采茶》《倒采茶》《盘茶》《贩茶》四组茶歌，共12000余字。

岳西高腔是一种濒临绝迹的古老剧种，入选国家首批非物质文化遗产名录。据岳西县资深高腔研究专家汪同元先生介绍，从发现的260余个剧目看，岳西高腔除具有文字古雅清丽兼备、唱腔雄浑委婉并存、表演形式多种多样等特点外，还有一个显著特点，就是演唱内容和形式与民情民俗融为一体，是皖西地域文化的重要组成部分。在此，谨就《采茶记》剧中表现出的茶文化略作赏析。

茶品茶名，琳琅满目

打开《采茶记》，最让笔者激动不已的是剧本记录了200多年前包括岳西县在内的皖西山区的一大批茶品名称。第三场《路遇》中有：“（末白）你既贩山茗，你可知行情好歹、茶价高低……万山云雾茶、闵山钻林茶、徽州松萝茶、六安毛尖茶、霍山连枝茶，五处都好。”又有“（丑白）行师，你的茶名甚多，我小子也要数几个茶名，你且听着：粗茶出在闵家山，细茶出在万山尖……我还有，清明茶、谷雨茶、雨前茶、雨后茶、雨前雨后雨丝茶。清明清，鼓叮叮，二四八月连枝青，叶子包得盐，杆子能撑船。（行白）叫什么名字？（丑白）名字叫作老飞天。”这里除按季节分类的雨前雨后等茶外，有确定名称的就有万山云雾茶、闵山钻林茶等五种之多。

笔者现已知道，剧中所述前五种茶全系实地实名。其中，万山云雾茶系产于今天岳西县明堂山和潜山县天柱山间的云雾茶。史载，明堂山，古称皖母山，民间称“母万山”；天柱山，古称皖公山，民间称“公万山”。王安石在舒州（今潜山）时写有“淅沥未生罗豆水，苍茫空失皖公山”之句。闵山钻林茶为今岳西县田头乡闵山村雪山庵周围深山密林间所产茶叶。徽州松萝茶和六安毛尖茶产于休宁、旌德、太平等县和六安市诸县区。霍山连枝茶产于霍山县及岳西县的包家、头陀一带。姚范《援鹑堂笔记》中写道：“六安茶产霍山。第一蕊尖，无汁……第四曰细连枝。”丑角提到的后两种茶，虽说语焉不详，但也不像是凭空杜撰。根据“叶子包得盐，杆子能撑船”的特征描述，老飞天茶应是产于霍山、岳西、舒城一带的黄大茶抑或绿大茶。只有“鼓叮叮”，不知是否是茶、是何种茶。

茶区茶俗，引人入胜

剧中对茶区交代尤为清楚，即今天的岳西县菖蒲镇、田头乡一带。第一场《找友》中，扬州茶商宋福与热情诙谐、自称姓一名本字万利的人（丑角，后为茶商担夫）有这样一段对白：“（丑白）讲起我来，上到天堂府，下到水吼县，撞钟河，过过江，菖蒲潭，纳过粮。”在天堂、水吼、撞钟一带活动，在菖蒲潭纳税交粮，说明他就是今岳西菖蒲人。第四场《买茶》则直接点明，扬州茶商看好闵山茶，带担夫一起直奔闵山。开场，担夫与卖茶女开玩笑、耍贫嘴，说是来拜年的。“（旦白）来迟了，不消得（意：不必了）。（丑白）那也迟了？青草盖牛蹄，正是拜年时；拿刀去割麦，还遇到一阵拜年客；有心来迎接，端六（意：端午后一天）没得迟。”这段反映山区村民过于重礼，拜年拜到端午后的风趣话，至今在岳西还经常听到。

剧中提到的民俗很多，值得关注的茶俗有：（1）以茶待客。“（茶行白）倘有贵客临门，你与我烹茶侍候。”（第一场）由来已久的“客来敬茶”风俗，今天在皖西山区仍广泛流行。（2）以茶传情。“正月盘茶正月梭，拜年的哥哥来得多，拜年的哥哥你请坐，倒杯香茶奉情哥”，“三月盘茶三月梭，燕子衔泥满树拖……燕子双双两相和”（《采茶歌·盘茶》）。青年男女以茶叶茶事传情示爱，显得格外清纯动人。（3）祭祀茶神。“五月采茶茶叶团，茶棵底下小龙（指蛇）盘，多办银钱并纸马，茶棵树上保平安”（《采茶歌·采茶》）。在茶园设香案、烧纸马，祭祀茶神，祈求平安幸福、茶叶丰收。这种习俗今天已不多见。

茶市茶号，描述详尽

剧中茶商四季贩茶，将茶叶销到了浙江、福建、湖广、江西、江苏、山东、河北、河南、陕西、六安、徽州（“七月贩茶走徽州，徽州本是大山头”）

等地，同时还发现了外地许多趣闻逸事：“山东牛儿不系桩，扬州女子不穿裙”“河南有个包文拯，日断阳来夜断阴”“南京有个聚宝盆，打了五更就要沉”，因此，“南京不打五更鼓”（《采茶歌·贩茶》）。说得有鼻子有眼，妙趣横生。剧中所述情景，与我国明清时期茶业兴旺、各地茗饮成风、茶市发达的史实完全相符。

剧本对六安城茶号描述最为详尽。《路遇》一场介绍，万山云雾茶、闵山钻林茶、徽州松萝茶、霍山连枝茶，在六安都设有茶行。此外，还有吴二茶行和余品极茶行。剧本中写道：“闵山茶行，本钱富厚，吴二、余品极两行可以，但吴二行秤不真。”这说明岳西境内的闵山茶，在当时影响较大，茶号销售也做得很好。

茶歌茶舞，优美生动

《采茶记》剧中茶歌有《采茶》《盘茶》等四组，每组十二段，每段少则四五行，多则七八行，内容广泛，文字优美。“正月采茶是新年，奴在家中点茶园，点起茶园十二亩，当官写纸定价钱”，说的是当时普遍推行的“茶户建茶园，政府定额发给贷款（高利贷）”的茶政问题；“采了茶叶蚕又老，收了蚕茧麦又黄”，反映的是山区农妇为了生计，长期辛勤劳作的境况。

茶歌很早就在皖西茶区广泛流传。清嘉庆年间霍山知县潘际云《春山茶歌》有“松风吹处闻茶歌，山山相应清且和”之句。茶歌表演多出现于民间元宵灯会。岳西高腔《采茶记》中的采茶歌舞，在乡村灯会演出中，有时是戏、歌一起出现，有时也独立表演。表演形式大体是：茶婆（丑旦）手擎一茶棵（青枝扎成）在前引舞，众茶姑（一般八人）挑茶篮（内点灯，曰“茶灯”）相随于后，编“8”字，走圆场，边唱边舞，流畅优美。今日岳西县乡村灯会表演茶歌，仍一如旧制。

茶事茶情，质朴感人

《采茶记》中的人物，从富商大贾到山野担夫，从腼腆害羞的卖茶女到勤劳朴实的农家妇，无不通情达理，有情有义。丈夫外出担茶，临行前向妻子躬行大礼：“（丑白）此一礼，不为谁，年老父母托付你。哎！妻子！我今出外担担，未知三年五载回，年老双亲在堂，饥则与我进食，寒则与我加衣……”吩咐唯恐不周；姐妹俩采茶时商定，要用最好的茶叶孝敬爹娘：“大姐回头问二姐，头茶没有子茶香？头茶摘了卖银子，子茶摘了养爹娘”；丈夫出门贩茶，妻子在家牵肠挂肚：“十一月采茶苦连兮，雪子飘飘洒郎衣，洒郎身上犹似可，洒郎脸上受苦凄……”茶事家事，尽收笔底；亲情爱情，感人至深。

岳西高腔《采茶记》，通篇茶情纷呈，茶香四溢。其中记录的诸多茶事，虽不宜据以为史，却是我们了解和研究明清时期皖西地区茶文化的宝贵资料。

（岳西高腔资料系汪同元先生提供。文见 2011 年第 2 期《农业考古》）

钱子华　汪同元

汪同元，1943年生于岳西，中国民协、省剧协等团体会员。参编国家戏曲、曲艺、戏曲音乐、曲艺音乐志书集成和省市县方志、专业志12部，主编《岳西高腔文丛》《岳西红色歌谣》《岳西民间故事》《岳西石刻拓片图录》，参撰《黄梅戏起源》《安庆地区黄梅班社研究》《中国青阳腔》等专著。在省级以上刊物发表学术论文及剧本近百篇，获国家级、省级奖励7次。

罗源场考述

六榷货务十三山场是宋代榷茶制度的产物，始于宋太宗（976—997）在位时期。由于年代久远，人们对六榷货务和十三山场中的多数地址已经模糊。这无论是对茶史研究，还是对地方茶文化建设，无疑都是个缺憾。值得庆幸的是，我们通过考证，找到了十三山场之一的舒州罗源场所在地。现略述如下，以飨读者。

榷茶制度下的罗源场

榷，本义独木桥，引申为专卖、专利。榷茶制度是中国自唐宋以来实行的一种茶叶专卖制度。宋代榷茶的基本特征是：官府先通过收茶场（山场）控制茶叶生产，垄断茶叶资源，然后由榷货务高价把茶叶批发给商人，再由商人转向各地销售，从而实现官府牟利、茶叶流通。

十三山场六榷货务是宋代东南地区实施榷茶的机构。十三山场指淮南蕲州的王祺、石桥、洗马，黄州的麻城，庐州的王同，舒州的太湖、罗源，寿州的霍山、麻步、开顺，光州的商城、光山、子安。六榷货务为江陵府、真州、海州、汉阳军、无为军、蕲州之蕲口。

宋代史料多处提及舒州罗源场。《梦溪笔谈》载，嘉祐六年（1061），“舒州罗源场买茶一十八万五千八十二斤，卖钱一万四百六十九贯七百八十五”；为说明榷茶中的“贴射法”，《宋史》特举舒州罗源场为例：“如鬻舒州罗源场茶，斤售钱五十有六，其本钱二十有五，官不复给，但使商人输息钱三十有一而已。”就是说，舒州罗源场茶卖 56 文／斤，原官府收购，给园户（茶农）本钱 25 文／斤，官府每斤得净利 31 文；现在商人直接从园户处买茶，官府不再向园户付钱，商人必须按每斤 31 文的标准，向官府贴纳净利。

岳西县汤池畈有罗源山

宋史提到的舒州罗源场在哪里？这一直是个谜。破解这一千古之谜的关键，就是要找到宋代在古舒州叫罗源的地方。

舒州系安庆市前身。隋为同安郡，唐改为舒州。北宋初年，称舒州同安郡，北宋政和年间改为舒州德庆军（军，宋代地方行政单位）。南宋绍兴十三年（1143），取“同安”“德庆”尾字，合称“安庆”。

《安庆府志》（1722 年版）载，潜山境内有资福寺，“资福寺，在汤池畈罗源，宋创明废”。《潜山县志》（1920 年版）载，“资福寺，汤池畈罗源山，宋庆历创（1041）”；该志还有“资福塔，在资福寺”的记载。

上述史料证明：宋代，舒州（即现安庆）有罗源山（或罗源），在潜山汤池畈境内；罗源山建有资福寺，寺有资福塔。方志所指“潜山汤池畈”，1936 年岳西建县，划归岳西，现属岳西县温泉镇。

为一探“罗源”究竟，笔者沿着“资福寺、资福塔”这个线索，来到岳西县温泉镇资福村，走访了包括该县原国土局局长王学元、步文友谊希望小学校长王岳进在内的一批知情人士，并考察了现场。

在资福村我们得知，温泉镇汤池畈确有罗源山、资福寺、资福塔，均在温泉镇资福村。资福寺为前后两重，新中国成立前还有香火，新中国成立后改为民居。现在寺的前重建筑，门壁尚存，后重大殿已坍塌拆除。资福塔位于罗源山山腰，在资福寺东约两百米处，为宋建七层四方石塔，20世纪60年代“扫四旧”时被炸毁。笔者看到，现在的塔基已垦为桑园，塔用石料，部分砌了河坝，部分散落在寺前的古道上，塔顶端的那块上圆下方、饰莲瓣图案的基石，被居民当作洗衣石在使用。

罗源山海拔400多米，是“中敞如堂”的汤池盆地中心和制高点。据王岳进校长介绍，这里与汤池盆地边缘东、南、西、北四个方向的山口距离相等，全为八里，过境古道通达山外各地。笔者攀至罗源山顶，放眼望去，汤池盆地尽收眼底，四周茶园葱茏，古道悠悠，风光怡然。

罗源场在罗源山区域

那么，岳西汤池畈的罗源山是否就是赫赫有名的宋代罗源场所在地呢？回答应该是肯定的。除了上述地名、年代与罗源场的设置完全吻合外，还有如下理由。

一、丘陵地貌，宜于种茶。宋十三山场是茶叶收购和管理机构，全设在茶区。由于生产力水平较低，当时茶区多为丘陵。罗源山地域，东为汤池畈，西为莲云畈，其地正是介于两畈之间的丘陵，非常适宜茶叶种植，现在这里依然是温泉镇重点茶区。

二、开发较早，环境优越。该地自古就有人类活动，境内祠堂岗遗址曾出土新石器时期的石铲、石斧等。到了宋元，更是人口集中，繁荣一时。这里作为政府机构所在地，不仅人气旺，供给方便，还因地势较高，无水患之虑。

3. 古驿道上，货运便捷。罗源山处汤池盆地正中心位置，过境古道四通八达。以此为起点，东北向古道，经石关、界岭、大歇、梅岭，出姚河，达六安、山东；西向古道，经黄沙岭、来榜、河图，出白帽，到英山、汉口；东南向古道，经响肠、沙岭，出水吼、石牌，入长江，往苏、沪、杭等地。

4. 本土戏曲，传唱榷茶。榷茶规定，山场除收购、发运茶叶外，还要对茶户发放茶叶“本钱”（高利贷）。这项事务在本土戏曲岳西高腔中有明确记录。“……奴在家中点茶园（种茶），点起茶园十二亩，当官写纸交茶钱”（岳西高腔《采茶记》唱词），说的就是茶叶山场对园户付“本钱”的事。这证明，古时榷茶制度曾在岳西山区广泛推行。

茶业是岳西县最大农业特色产业，现有茶园14.5万亩，产值3亿多元。舒州罗源场原址在岳西县温泉镇被发现，为该县1000多年前就大量出产茶叶提供了实证。相信这一发现，对提振岳西进一步做强茶产业的信心、推进当地茶文化发展，都会有较大裨益。

（文见2012年第5期《中国茶叶》）

詹罗九

宋代榷茶场罗源场发现的意义

唐朝中期，随着茶叶生产的发展，其利一著，茶税、贡茶、榷茶的法规就随之而来，且日变月更。

我国茶之课税，始于唐朝德宗（780—805），诏征天下茶税，十取其一，是为税茶之始。

向朝廷贡奉乡奇特产，是封建社会常有之事，但唐朝贡茶，实际是税茶的另一形式，是一种定额的实物税。

所谓榷茶，也就是茶的专营专卖。唐朝文宗太和九年（835）实行榷茶，推行不到两个月就夭折了。

我国榷茶之制，正式施行于宋。宋朝榷制，在各茶区和要会之地，共设置六个榷货务和十三个山场。六个榷货务是：江陵府（湖北江陵）、真州（江苏仪征）、海州（江苏连云港）、汉阳、无为（安徽无为）、蕲州（湖北蕲口）。江淮间所设的十三个山场是：蕲州的王祺、石桥、洗马；黄州的麻城；庐州的王同；舒州的太湖、罗源；

寿州的霍山、麻步、开顺；光州的光山、商城、子安。太平兴国二年（977）置，仁宗嘉祐四年（1059）废。专门管理茶叶生产和贸易。

宋朝把茶农称作园户，隶属于山场。园户种茶，先向官府领取资本，称作本钱。采制茶叶，扣去本钱及缴纳的租税外，余额全部卖给山场。商人贩茶，先向榷货务缴纳钱帛，发给付货交引，凭茶引到指定的山场领茶销售。

宋朝榷茶制度，先后变革了十多次，改来改去，得利的总是官府，吃亏的总是百姓。

我国茶叶专卖制度，历宋朝、元朝、明朝，直到清朝咸丰以后，才普遍改征厘金税。

宋朝官府在江淮间（鄂豫皖）的大别山山脉茶区，设立十三个榷茶山场，管理茶叶生产和茶叶专卖，目的是敛取茶叶之利。这也从一个侧面说明，大别山山脉茶区是我国宋朝茶叶重要产区。榷茶场是当年周边地域茶货的集散中心，商贾云集，贸易繁荣。榷茶场也应是宋朝江淮间社会（政治、经济、文化）发展较快的地域。

沧海桑田，世事如烟。茶史专家们为寻找榷茶场的踪迹，走了很多地方，依然无果。近日，安徽省茶叶行业协会常务理事、茶叶专家钱子华，安徽省文史专家、岳西高腔研究专家汪同元，经数年艰辛考评，终于发现六榷货务十三山场之一的罗源场所在地在今安徽省岳西县温泉镇资福村。《安庆府志》（1722 年版）载，潜山境内有资福寺，“资福寺，在汤池畈罗源，宋创明废”。《潜山县志》（1920 年版）载，“资福寺，汤池畈罗源山，宋庆历（1041）创”；该志还有“资福塔，在资福寺”的记载。

罗源场的发现，佐证了宋代潜山县汤池畈茶叶生产和贸易的历史，给岳西县的茶史加上了浓墨重彩的一笔，为岳西茶文化源流积累了厚实的一层土壤。述说岳西茶的故事，又多了一段史实的背景。当今岳西之辖域，历史上也曾有古老茶区的辉煌。

江淮十三榷茶场在哪里？罗源场的发现只是一个开头。这应是宋代茶史研究的一个不可低估的成果吧！

钱子华

岳西黄大茶考

岳西黄大茶，属皖西黄大茶（陈椽称之为“霍山黄大茶”），是史上大别山地区最重要的茶品之一。因大枝大杆（1芽4～5叶，长10～13厘米）、黄色黄汤而得名。安徽岳西、霍山、金寨、舒城、六安主产，湖北英山，河南商城、固始，安徽潜山等地也曾少量生产。通常人们将淠河中上游山区所产黄大茶称作“内山黄大茶”，下游丘岗圩畈地区所产称作“外山黄大茶”，内山茶品质优于外山。现岳西北部山区的来榜、青天、包家、黄尾、头陀、姚河、主簿、石关等地为东淠河源头流域，所产黄大茶又为内山茶之上品。

岳西黄大茶最迟在明代已有生产。许次纾《茶疏》云：“天下名山，必产灵草。江南地暖，故独宜茶。大江以北，则称六安。然六安乃其郡名，其实产霍山县之大蜀山也。茶生最多，名品亦振。河南、山陕人皆用之。南方谓其能消垢腻，去积滞，亦甚宝爱。顾彼山中不善制造，就于食铛大薪炒焙，未及出釜，业已焦枯，讵堪用哉。兼以竹造巨笥，乘热便贮，虽有绿枝紫笋，辄就萎黄，仅供下食，奚堪品斗。”这段文字是批评霍山茶工制茶技术不好，使绿茶变成黄茶。而正是这种“歪打正着”，发现了黄茶的制法。据此，茶学泰斗陈橼在其论著《从茶到茶，六大茶类的起源研究》中认为，“《茶疏》是许次纾 1597 年的著作，距今已有四百余年，黄大茶创制的年代当然更早”。

黄大茶传统制作有炒茶、初烘、堆闷、烘焙四道工序。

炒茶：分生锅、二锅、熟锅，三锅相连，按顺序操作。炒茶锅用普通饭锅，砌成三锅相连的炒茶灶，锅呈 25 ~ 30 度倾斜。炒茶把用毛竹枝扎成，长约 1 米。炒茶起杀青兼揉条作用，锅温先高后低，炒至条索紧细，发出茶香，约三四成干，即可出锅。初烘：炒后即用小烘篮炭火烘焙。高温快烘，烘至七八成干，有刺手感，即为适度。堆闷：堆闷是黄茶制作的特征性工序。将初烘叶趁热装篓，稍加压紧，高约 1 米，置于高温干燥的烘房内，时间一般 5 ~ 7 天，待叶色变黄、香气显露即可。烘焙：采用栎炭明火高温烘焙（似瓜片茶拉老火），每大烘篮投叶 12 公斤左右，由二人抬烘篮，几秒钟翻动一次。以茶梗金黄、叶色黄褐起霜、一折即断、口嚼酥脆、焦香显露为适度。烘后趁热踩篓包装。

据《岳西县志》载，自岳西建县（1936）至新中国成立初期，黄大茶产销颇盛。民国年间，岳西产茶“100~200 吨，主要为黄大茶，次为绿茶。1937 年，产黄大茶 125 吨，绿茶 7.85 吨”，1942 年，“全县有茶行 27 家，共收购黄大茶 150 吨，绿茶 11 吨”。“县北黄尾河为本县茶叶主要集散地，设有‘恒兴’‘同茂’两家茶行。每到茶季，茶商云集，大量茶叶经此循淠河外运皖北、天津、蒙古、东北。”1952 年后，政府推行“黄改绿”，黄茶有所减少，但直到 20 世纪 80 年代末，岳西仍以黄大茶为大宗。这时，县供销社及大量商贩依然活跃在茶区收烘黄大茶，向山东河北运销黄大茶。1985 年岳西翠兰成功创制，效益剧增，黄大茶生产进一步萎缩，20 世纪 90 年代以后，除头陀、黄尾等地因还有少量外地客商订购，部分农户还偶尔生产外，其余地区，多数茶农只是利用春茶末的“翻棵叶”（春茶结束前清采茶棵所得的鲜叶，老嫩不匀，老叶为主）自制少量黄大茶自饮。近些年，因人们生活及茶叶机械化水平进一步提高，农户自用茶也由过去的黄大茶改为翠兰茶或炒青绿茶。大茶大壶，黄叶黄汤，在现在的岳西县已是难得一见的风景了。

岳西黄大茶梗壮叶肥，干茶金黄显褐，汤色深黄显褐，叶底黄中显褐，滋味浓厚醇和，焦香高长，素有“金枝玉叶”之誉。数百年的历史，几代人的记忆，让我们对它充满敬意。而它的市场，在“气候”合适时，像安吉白茶、安化黑茶一样作“井喷式”显现，也未尝没有可能。

钱子华

王安石的茶法思想及其与舒州的渊源

北宋时期的王安石，是我国著名政治家、文学家、思想家。他一生爱茶也很懂茶，尤其是他对国家的茶叶政策（茶法）有着深刻的思考，并形成自己鲜明的茶法思想。其核心内容是反垄断、罢榷禁、倡自由通商，以利于富国强兵。这对当时及宋后各朝茶政，均有着举足轻重的影响。考察王安石生平，我们不难发现，这一重要思想的形成，与他的地方官吏经历，特别是在舒州的履职经历，有着密不可分的关系。

王安石（1021—1086），字介甫，抚州临川人，曾封舒国公、荆国公，世称临川先生。去世九年后，即绍圣元年（1094），得以配享神宗庙廷，谥号“文”。北宋杰出政治家、改革家、文学家、诗人，“唐宋八大家”之一。王安石出生于官宦家庭，父王益，历任州县官、判官。庆历二年（1042），王安石中进士，先后任扬州签判、鄞县知县、舒州通判等地方官职。嘉祐三年（1058），任三司度支判官。宋神宗熙宁二年（1069），拔为参知政事（副相）。熙宁三年（1070）起两度为相，主持变法。熙宁九年（1076）罢相，病殁于江宁（今南京）。

自古文人多爱茶，王安石也不例外。“春残叶密花枝少，睡起茶多酒盏疏。斜倚屏风搔首坐，满簪华发一床书。”（《晚春》）王安石以书茶为伴侣，老而弥痴。王安石懂茶识道，人们至今还对冯梦龙《警世通言》中所叙王安石三难苏学士的故事津津乐道。本文旨在探讨王安石的茶法思想及其渊源，故而对此话题暂搁不论。

宋仁宗皇祐三年（1051）初秋，王安石由鄞县知县调任舒州通判，在舒州任职三年。舒州治所在今天的安徽省潜山，辖地大抵等同今天的安庆市全部（岳西、太湖、潜山、怀宁、桐城、宿松、望江七县市及安庆市区）加铜陵市的枞阳县。

公元960年，赵匡胤在陈桥驿（开封东北四十里）发动兵变，代后周自立，开启北宋时代。北宋的历史地位颇高，它结束了唐后“五代十国”五十多年的混乱与割据，统一了中国，甚至有人说，“没有宋朝，无以有中国”。但是，北宋又是一个弊政极多的王朝，对外一味撒银子求和，国力弱，军队多，官员多，开支巨大。为应对“三冗”（冗兵、冗官、冗费）局面，制定大量盘剥农民的政策，将茶、盐、酒、矾、香料、铜、铁、锡、粮食、编织品、煤等，统统纳入国家专卖范畴，收取重税，是为“榷务”。公元964年，颁布《禁私贩茶诏》：“民茶除折税外，悉官卖，敢藏匿不送官及私贩鬻者，没入之，论罪。主吏私以官茶贸易及一贯五百，并持仗贸易，为官私擒捕者，皆死。”约在宋太宗（939—997）晚年，朝廷相继确立依托官设“六榷务十三场”共十九个机构专事东南榷茶格局。六个榷务在：江陵府（今湖北江陵县）、真州（今江苏省仪征市）、海州（今江苏连云港市）、汉阳军（今湖北武昌）、无为军（今安徽无为县）和蕲州（今湖北蕲春）的蕲口；十三场就是设在淮南的十三个买茶场（又名“山场”），它们是蕲州的王祺、石桥、洗马，黄州的麻城，庐州的王同（舒城县），舒州的太湖、罗源，寿州的霍山、麻步、开顺，光州的商城、光山、子安。嘉祐四年（1059），官场撤销，实施通商。崇宁元年至四年（1102—1105），权相蔡京复榷东南茶，在淮西路复置山场十一处，两浙路置二十九场。

北宋禁榷制度下，山场担负着发放“本钱”（政府给茶农的贷款）、收购茶叶供榷货务发售等功能；“榷货务”的职能主要是给茶商发放“交引”（购买茶叶的凭证），收取茶款或丝织品，监督其到指定山场提取茶货。茶叶生产与运销流程是：朝廷每年规定各山场的收茶指标（即“祖额”），然后由山场落实到“园户”（即茶农），官府预付“本钱”给园户，园户所生产茶叶除抵税外，全部按山场规定的价格交售给山场。私卖者以重罪论处。山场再按官定的远高于收购价的价格卖给运销商。商人先到“榷货务”交纳金钱或绢帛，“榷货务”出具证明（“交引”）给商人，商人凭“引”到指定山场提取茶叶，然后又凭山场的证明出境贩卖。每过一境要交过境税。

舒州在皖西南，南临长江，北依大别山。一半是江岸平原，一半是丘陵和中高山区。所辖今岳西县的全部，太湖、潜山、桐城近半都是山区，其他各县也有一定的山地丘陵。舒州山区气候温和，雨量充沛，光照适中，自古产茶。陆羽《茶经·八之出》中写道：“（茶）淮南以光州（生光山县黄头港者，与峡州同）上，义阳郡、舒州（生义阳县钟山者，与襄州同；舒州，生太湖县潜山者，与荆州同）次。”唐代杨晔《膳夫经手录》载，舒州天柱茶“甘香芳美，可重也”。北宋榷茶时期，如前所述，舒州有两个榷茶山场，一是罗源场，一是太湖场。太湖场在太湖县；罗源场宋时属怀宁县清照乡，今属岳西县，准确位置在今岳西县温泉镇资福村资福寺一带。资福寺是宋时一座规模颇大的佛寺，寺前建有舍利塔，名资福塔。20世纪60年代被炸毁，2012年塔基出土金函、银函、佛骨、佛牙舍利等文物。

北宋舒州罗源、太湖二场，茶多量大，影响巨大。“舒州二场，罗源场年额三十八万八千一百五十斤，太湖场百二十一万四千一百四十八斤”（《宋会要辑稿》）。“丁亥，诏置计置司……庚寅，计置司考茶法利害，请罢三说（税），行贴射之法。其法以十三场茶买卖本息并计其数，罢，官给本钱，使商人与园户自相交易，一切定为中估，而官收其息。如鬻舒州罗源场茶，斤售钱五十有六，其本钱二十有五，官不复给，但使商人输息钱三十有一而已。”（《续资治通鉴·宋纪三十六》）计置司奏请宋仁宗，建议在茶叶专卖中实施“贴现法”：茶款分“本钱”与“息钱”两部分，“榷货务”先向商人收取“利息”，然后允许他们与指定山场的园户自由议价交易。奏疏以舒州罗源场茶为例，解释“贴现法”如何操作。

榷茶制度的实施，使国家获得了厚利，但因对山场农户残酷压价，茶农根本无利可得，另加官员、商人层层盘剥，农民苦不堪言，严重挫伤了茶农生产热情，茶园荒芜，民生凋敝。同时，因官方保管不善、转运不畅及商人使假诸因素所致，“今官场所出，皆粗恶不可食”，官方专营茶质量太差，“民之所食大率皆私贩者……私市者亦未尝绝于道路也”（王安石《议茶法》）。人们多从黑市购买私茶，以致茶叶走私屡禁不止。天禧元年（1017），参知政事李迪上奏，说有位名叫田昌的茶商，按合法程序到舒州太湖场凭交引一次兑换了12万斤茶之后，又另带了7万斤，“计其羡数，又逾七万”。显然，田昌的这12万斤之外的7万斤是走私茶。于是李迪建言，请求命江浙制置司立案审查，并“遣使秤较商茶之逾数者，计其半没官”。走私茶量如此之大，这在当时肯定是“大案要案”了，所以此事被记入当朝正史《宋会要辑稿》。“私藏与窃贩，犴狱常纷纠。输将一不足，往往死鞭杻。”（王安石《酬王詹叔奉使江南访茶法利害见寄》）因私贩茶叶被官方鞭挞致死的事经常发生。政府与茶农，政府与商贩之间的矛盾日益尖锐。社会秩序陷入混乱，民怨沸腾。

王安石是一个有使命感和责任心的士大夫，他怀着儒家“治国平天下”的理想，以负责任的态度对待社会上的一切不公。大约在嘉祐八年（1063），王安石写了一首脍炙人口的词《桂枝香·金陵怀古》，“至今商女，时时犹唱，后庭遗曲”，忧国忧民之心跃然纸上。在《送真靖大师归灵仙观》中他说：“官身有吏责，觞事遇嫌猜。”他经常下乡走访，了解社会，研究民情，探究弊政根源。任舒州通判三年间，他数次翻山越岭，走访茶区，看到茶山荒弃，茶农“丰年不饱食”“原田败粟麦，欲诉嗟无赇”，而地主豪强“取赀官一毫，奸桀已云富”。茶区人民的困苦生活令他痛心不已而又无能为力：“贱子昔在野，心哀此黔首。”（王安石《感事》）“永惟东南害，茶法盖其首。”（《酬王詹叔奉使江南访茶法利害见寄》）三年舒州任职，三年耳闻目睹，王安石终于明白，人民的困苦是制度出了问题，榷茶法是损害民众生计、危及国家安定的“元凶”与“罪魁”。

嘉祐四年（1059），仁宗颁《通商茶法诏》。诏下，臧否不一。连起草诏告的欧阳修等人也上疏反对，说通商茶法是存一利而具五害。朝廷派王詹叔来江南察访罢榷事宜。王詹叔是王安石的好友，也是北宋干臣，任过利州路运判、河北提刑、山阳太守等职。王詹叔赴任利州路运判时，王安石作《送王詹叔利州路运判》诗相赠。王詹叔来江南，是否到了舒州，史无记载，但是按照常理，背负如此重任的朝廷特使，一定会到拥有两个榷茶山场的舒州及其茶区实地考察、走访民情的。此时，王安石刚由提点江东刑狱调任三司度支判官，回想五年前自己在舒州茶区所见所闻，遂作《酬王詹叔奉使江南访茶法利害见寄》一诗，回应好友此次江南之行。

余闻古之人，措法贻厥后。命官惟贤材，职事又留狃。止能权轻重，王府则多有。

岂尝摧其子，而为民父母。当时所经营，今十已毁九。其一虽幸在，飘摇亦将朽。

公卿患才难，州县固多苟。诏令虽数下，纷纷谁与守。官居甚传舍，位以声势受。

既不责施为，安能辨贤不。区区欲救弊，万谤不容口。天下大安危，谁当执其咎。

劳心适有罪，养誉终天丑。岂惟祖子孙，教戒及朋友。贵者大其领，诗人歌四牡。

至尊空独忧，不敢乐饮酒。曾矣富阡陌，哀哉此无粮。乡闾人所怀，今或弃而走。

岂无济时术，使尔安畎亩。故今二三公，戮力思矫揉。永惟东南害，茶法盖其首。

私藏与窃贩，犴狱常纷纠。输将一不足，往往死鞭杻。贩陈彼杂恶，强卖曾非诱。

已云困关市，且复搔林薮。将更百年弊，谓民知可否。出节付群材，询谋欲经久。

朝廷每若此，自可跻仁寿。因知从今始，渐欲人财阜。吾宗恢奇士，选使自朝右。

聪明谅多得，为上归析剖。王程虽薄遽，邦法难卤莽。愿君博咨诹，无择壮与考。

余知茶山民，不必生皆厚。独当征求任，尚恐难措手。孔称均无贫，此语今可取。

譬欲轻万钧，当令众人负。强言岂宜当，聊用报琼玖。

这是一首当之无愧的政论长诗。全诗 38 联，76 分句，一气呵成，直言“永惟东南害，茶法盖其首”。诗人认为，古人最好的遗产是任用能人，忠于职事。所立法度，能权衡轻重、有利当时就好。所以，对不合理的旧法的变革是必要的、正当的。在天下苍生处于生死存亡之际，谁来为之担当，谁来替其解厄？当然只能靠列位公卿了。现在，推行了百年的茶叶禁榷制度，已成危及国家生存发展的大害。私贩行为屡禁不止，贩私小商被官方打死也无济于事；官府统购派销，转运不灵，主渠道的茶叶尽是陈霉低劣之品；至于种茶山民，终年辛苦，收入却是微乎其微。试问，这样的法令，不变行吗？诗作气势如虹，言之凿凿，痛陈榷茶之弊，力主废罢榷禁。

此后不久，王安石任参知政事，又作《议茶法》篇，进一步阐发自己的茶政观点："国家罢榷茶之法，而使民得自贩，于方今实为便，于古义实为宜。而有非之者，盖聚敛之臣，将尽财利于毫末之间，而不知与之为取之过也。夫茶之为民用，等于米盐，不可一日以无，而今官场所出皆粗恶不可食，故民之所食大率皆私贩者。夫夺民之所甘，而使不得食，则严刑峻法有不能止者，故鞭扑流徙之罪未尝少弛，而私贩私市者亦未尝绝于道路也。既罢榷茶之法，则凡此之为患，皆可以无矣。然则虽尽充岁入之利，亦为国者之所当务也。况关市之入，自足侔昔日之利乎。"

文章犀利地指出，通商不仅合于古义（茶本无榷、无税），而于今公私两便，提出非议的人，都是竭泽而渔的人。茶像米盐一样，是生活必需品，不可一日或缺。但如今官场出售的多为粗恶陈茶，民间用茶多从私贩手中购得。推行榷禁使百姓饮不到好茶，所以虽有严刑峻法，贩私现象仍不能废止。罢禁榷以后，上述一切弊端就可彻底解决。这样虽然要减少一些岁课，但事关国家当前急务，何况茶税的收入，也足以弥补过去茶课的损失。

推行"通商茶法"与"青苗法""均输法""市易法"一样，均为王安石一生孜孜不倦、为之奋斗的政治目标。虽因种种原因最终没能很好地施行，并且在后来近千年的封建社会里，又被时拾时弃，但其包含的"自由通商""便民利市"的思想光辉，一直被后世有识之士所景仰。从历史文化层面看，舒州（安庆）作为王安石这一茶法思想的"源头活水"，显然是值得庆幸的。

钱子华

塔儿岭茶亭《文公碑记》赏析

塔儿岭茶亭，处安徽岳西县城东三公里处的塔儿岭上。该亭始建年代无考，重建时间是清光绪十六年（1890）十月，为当地王氏族人所做的一项义举。茶亭为杉木穿榫结构，亭顶人字形，小青瓦覆盖，下由三组12根大木柱支撑，岳西到潜山、怀宁方向的出山古道，贯亭而过。该亭于2009年腐塌。

塔儿岭茶亭现存亭碑两块，一曰“茶局捐名”，一曰“文公碑记”。两碑大小相仿，高100厘米、宽50厘米、厚5厘米，楷书镌刻。前者刻录了61户捐款者的姓名、款额；后者叙述了建设茶亭的缘由、作用以及茶亭四界等，点明了建亭的主旨是为“穷途逆旅、碧囊亦空”的“寒士”提供一个息肩解渴的去处。因年代久远和保管不善，“茶局捐名”碑已碎为三块，两碑的碑面文字均有缺失或模糊不清，需细心考辨，才能看通读懂。

碑记全文如下：

闻之十里设庐舍，鸿恩播及萍踪；七碗备琼浆，鹿汤庸何梅指？况兰亭饮佳，便欲咏吟；岂茶台香浓，尤嫌小住。皖北塔儿岭，往来要道也。境原僻壤，路属康衢；险异羊肠，程经驿足。问征夫以前路，折梅偏赏庄南；访过客兮后尘，往□曾通河北。望黄沙半岭，步步骈来；笑红雨一肩，人人鳞至。足期云托，腋愿风生。前此茅屋数椽，风清月冷；怜那草亭几柱，人淡花闲。浊茗虽煎烟，原炊乎土灶；春芽欲酌价，必偿夫金钱。每遇大雅名流，青铜不惜；奈有穷途逆旅，碧囊亦空。对彼乳液流香，苦我腰缠无钞；即喜云腴雪脚，莫供绣口诗肠。我辈闲观，情难坐视。处一襟寒士，未能舍食而施衣；凭半点良心，宁云济人以利物。亭既改造岭际，茶并施设其间。座绕风檐，暂息游肩之苦；壶藏春叶，欣润汤肺之甘。仰看天柱峰前，对堪醉饮；倚向木栏杆外，听乐高谈。盏底流黄，也胜杯中橘赠；瓯浮泛绿，何须梦里钱还。纵非雪落飞飞，芳流齿颊；但得风吟袅袅，凉沁心脾。结构愧鸟革之华，烹松乏鸦山之味。竹期款客，奚妨谢以好歌；草室书怀，切勿羞兹俚语。

立杜捐契维新公裔经济仝侄燮羹：今将塔儿岭头，草屋一所，屋头上地一处，杜捐与祖文公茶局名下，建亭施茶。其界东凭燮羹山坳脚干沟，节节直上至坳向北曲转直上至凸曲转向西，由大岗脊分水直下至石土地庙下坎，抵人形大路，曲转向南由人形大路至下微转凭屋搧外坎下，余地横过抵干沟口上坎超东起首为界。界内听茶局之用，刻石勒碑，永垂不朽。

皇清光绪十六年岁次庚寅季秋月上浣之六日立

杜捐契维新公裔经济仝侄燮羹俱押　奉书男味羹

碑记是一种常见文体，古往今来大凡大点的建筑、工程、陵墓落成，均会立碑铭志，以记其事。方志载，地处皖西大别山腹地的岳西县境内，在新中国成立前有数十座茶亭。一如惯例，几乎每座都有碑记。但就其文学及史料价值而言，塔儿岭茶亭的《文公碑记》，无疑当属个中翘楚。

本碑记笔触清丽，一气呵成。先说古时就追求茶炉遍设、行人不用望梅止渴的良好境况，特别是王羲之、谢安等文人墨客、社会名流在兰亭雅集，曲水流觞，一觞一咏，让人对茶亭更为神往。继而介绍塔儿岭为通衢要道，辛苦的行人至此，都想有碗清茶饮用，以获腋下风生之快。接着指出，以前这里也有茶亭，但设施简陋，茶水也不是义供，这让许多贫困落魄之人，不胜悲凉。现在，王氏宗亲出资改建本茶亭，并添置设施于其中，这既解决了行人息肩止渴之需，又可让人远眺天柱山，近观法云寺千佛塔等自然美景。游人在此，手持茶水，登高望远，这种感觉一定胜过孝子怀橘、梦里得钱。然后说，新建的茶亭，虽然没有宫室般华丽，所供茶水也不一定如鸦山茶（唐代名茶，又称瑞草魁。杜牧《题茶山》诗云："山实东吴秀，茶称瑞草魁。"）那么好，但只要能达到"款客"的目的就可以了。碑记最后详细描述了茶亭所属的房屋、土地等产权及其四界，以确保永远不被他人侵占。

本碑记 620 余字，可谓字字珠玑。它不仅从一个侧面记录了 120 多年前岳西山区那段茶香飘逸、温馨纯朴的民间茶史，而且文章结构严谨，辞采飞扬，让人百读不厌。尤其是"望黄沙半岭，步步骈来；笑红雨一肩，人人鳞至""前此茅屋数椽，风清月冷；恨那草亭几柱，人淡花闲""座绕风檐，暂息游肩之苦；壶藏春叶，欣润汤肺之甘""纵非雪落飞飞，芳留齿颊；但得风吟袅袅，凉沁心脾"等妙文丽句，使人读后不禁一咏三叹，拊掌叫绝！

钱子华

再说闵山茶

陈宗懋院士《中国茶叶大辞典》、茶叶泰斗王镇恒《中国名茶志》中，均有安庆古“闵山茶”见载。本地旧志也多处有记载曰：闵山果老岭茶佳。笔者于十多年前撰《“闵山茶”小考》一文，证闵山茶出于今天的岳西县田头乡闵山村。现又有所得，愿与同好分享。

一

岳西田头乡闵山，产茶年代久远，宋时即载入史志，到了清代更是名震一方。

《潜山县志》（1931 年版）记载：“按旧《食货志》，潜山多茶（注：近六安者佳）。《山川志》云，望山（作者注：应即今岳西四望山）闵山有果老岭，其涧多茶（注：纲目云，宋时一斤值四十六钱）。”这段文字确切表明，在宋代这里即有茶叶出产，且市值不菲。

顺治十二年（1655）《潜山县志》记载："闵山，县西八十里，有果老岭，其山多茶，其茶佳。"岳西东南田头、菖蒲、来榜、温泉多个乡镇，1936 年前属潜山县。潜山县城西八十里，在今岳西田头乡境内。

康熙《安庆府潜山县志·方物》记载："茶类。有芽茶，谷雨前者，岁派供应库二百九十斤，今折价。有叶茶，立夏采者，岁派供应库二百八十五斤，今折价。有苦茶，出皖山，叶似茶而大，非茶种，可却暑疾。按旧《食货志》云，潜山多茶（注：近六安者佳）。《山川志》云，望山闵山有果老岭，其涧多茶，其茶佳（注：纲目云，宋时一斤值四十六钱）。"

潜山唐宋即有茶品入贡，康熙《安庆府潜山县志》在记载当时所贡茶类（芽茶、叶茶）、数量的同时，点明具体产区的只有今岳西四望山一带的闵山果老岭。可见，闵山果老岭是清时甚至是清前更早时期安庆一域最为著名的贡茶产地。

二

那么，旧志多处提及的果老岭到底在哪里？本人调查得知，果老岭就是今天的张山寨，属闵山村王屋组，主峰高 900 余米，与雪山庵茶园遥遥相对。依据有三。

一是此峰原名果老峰。当地《万氏宗谱·万府六修宗谱序》载，其祖万正鹏乾隆年间"迁潜……来潜闵家山者，傍果老峰西筑室"。当地人十分确定，现在的"万家老屋"就建在当年万正鹏所建房屋的原址上。万家老屋正东高峰就是现在的张山寨。

二是当地有八仙之一的张果老在该山枕石修行的生动传说。

三是山腰陡峭处孤悬一石，高、广过两丈，上有人形凹印，后脑勺、四肢、两肩、腰臀各处，轮廓毕现，人称"果老石"。据说，这是当年张果老躺在这里留下的痕迹。

三

现在，闵山村已有茶园近千亩，为中国名茶岳西翠兰优质产区之一。除翠兰茶外，这里的“雪山庵炒青”亦以其特有的香清味隽而享誉县内外。信步苍山古岭，只见宅傍田头，片片新茶园拥翠流芳，百年老茶树焕发生机。

某日，笔者又访闵山，朋友沏了一杯上好的闵山茶，顿时茶烟氤氲，满屋生香，举杯轻呷，五内俱爽，不禁兴味盎然，遂制《闵山茶》小诗一首。

南来宝物自成玄，一入灵山不计年。
芽笋随春攒十万，公卿争醉列三千。
浮生追日多非分，胜地逢君尽是缘。
果老岭前堪笑我，贪婪七碗欲通仙。

钱子华

黄尾河的老茶号

“同茂”“恒兴”是20世纪上叶享誉皖西南大别山区的两个著名茶号。虽因社会变革和自然灾害，当年老店已荡然无存，但笔者经过考察，还是找到了不少关于它们的历史“碎片”，根据已获“碎片”，我们可以大致还原这些老茶号的昔日风采。

深山古镇，千年茶香

黄尾镇地处安徽省岳西县正北，北与霍山县接壤，为大别山东段分水岭北坡深山区。境内峰峦起伏，沟壑纵横，贯穿全镇的黄尾河为淮河水系的淠河上游干流。昔日的黄尾老街，今天的黄尾新镇，就在黄尾河畔。

黄尾河因流域内有大山似黄龙摆尾入河得名，黄尾街、黄尾镇均因河得名。1936年岳西建县前黄尾镇属霍山县南乡。这里处于热带与温带之间的过渡带，年均气温13.5℃，降水1500毫米，土壤为花岗岩母质，呈弱酸性，水质清纯，雾日多，为茶树生长的理想之地，自古产茶。在唐代陆羽《茶经》的分区中，属“寿州”茶区。《霍山县志》载：“南乡茶优异，多入贡。”明代霍山县令王毗翁有《焙茗》诗云：“家家篝火山窗下，每到春来一县香。”可见当时产茶之盛。20 世纪 70 年代前，这里以生产黄大茶为主；20 世纪 70 年代后，主要生产炒青绿茶和黄大茶；1985 年后，一直主产岳西翠兰。现在，全镇共有茶园 5100 亩，为岳西县重点产茶乡镇之一。该镇彩虹瀑布下的百余亩高标准无性系茶园，已经成为这个 4A 景区内最引人入胜的风景。

百年茶号，老街起点

黄尾河西侧山间有个叫秦家坳的地方，骑跨坳岗的是条石板小路，这是一条古道。从坳顶西下向南再向西，通往青天畈、包家河，直至湖北；东下是黄尾老街，出街一路向北，便是霍山县的磨子潭、佛子岭，然后通淮入京。老街及黄尾河对岸枣树滩一带是古霍山南乡深山难得的一片开阔地，常住人口较多，人们生活也相对安逸富庶。远近山民常将自己的土产、竹木集中到这里交易，其中一部分通过陆路或水路外运出山，渐渐形成集市。

据《岳西县供销合作志（稿）》记载及当地老人回忆，20 世纪初，黄尾河已经是霍山南乡的商贸中心，远近闻名。抗日战争爆发后，很多外地人逃进深山避难，其中一些有钱人便在这里以开店谋生。一时间，人口激增，商贾云集，号称“小上海”。在古道两边形成了一条一里多长的合面街，大小商铺百余家，其中，悬牌商号就有38家。经营产品有布、油、茶、酒、糖、挂面、药品、农具、铁锅、豆制品等。大的茶行有“同茂”“恒兴”两家，资本都在万元（银元）以上。抗战胜利后，大部分外商撤回原籍，但老街商铺经营依然活跃。1969 年 7 月 14 日，老街被特大洪灾摧毁，两个老茶号也未能幸免。

今年（2015）76 岁的当地老人汪全友告诉我，“同茂”“恒兴”两个茶行都在老街的上街。“同茂”是上街的第一家商铺，“恒兴”与“同茂”相隔四家，四家店主分别是刘定法、江兴官、张连荣、张连元。张连元开药店，其余三人经营面馆、豆腐店、糖铺等。“恒兴”茶行位于现在的镇福利工具厂，“同茂”在“恒兴”南 80 米处。茶行生意很好，每年都有很多小商贩从农户家收茶（黄大茶）交给茶行，茶行集中“打老火”（用栗炭大火干燥提香）装篓，雇脚夫挑到霍子渡（今佛子岭）上船，运往山东等地。茶篓用竹篾编成，内衬箬叶，每篓装茶 15 斤左右，两篓称作“一联”，一般青壮劳力每担挑四联。

胡氏茶人，承前启后

史料表明，同茂茶行为胡石夫开创。据胡氏族谱记载，胡石夫，湖北大冶人，名泽砚，字石夫，生于 1882 年，殁于 1929 年秋。据当地年届九旬的蔡世福老人回忆，胡石夫是在 1928 年与其堂弟胡泽履一起来黄尾河做生意并定居下来的，随后便开了茶行。胡石夫去世后，茶行由其子胡承启经营。

胡承启是个传奇人物，他的故事在黄尾广为流传。胡承启生于 1911 年，17 岁随父亲来黄尾街定居。他胆大心细，是生意场上的好手。26 岁那年，贩黄大茶到山东赚了大钱，返回途中行至霍山三十岭，改用两口棺木装洋钱，巧妙地骗过了拦路劫匪。30 岁左右他已经是闻名皖西的大财主，号称“胡百万”。胡承启先后在外地开茶庄 5 处：霍山、六安、合肥 3 处为合伙经营，蚌埠的“鸿丰”和山东的“瑞森”是独家经营。胡承启发家后仗义疏财，乐善好施。那时黄尾街叫花子很多，胡承启平时给吃给喝，一到过年，外地的留过“三天年”，本地的见人一斗米。一次，胡承启为其亡母立碑，杀肥猪 8 头，大摆酒席，不收一分礼金，任凭当地乡亲吃喝。为方便行人过往，他拿出三石田不收租，请人在黄尾河上长年摆渡。享受过免租待遇的艄公先后有丁新才、王佑民、王保志等。新中国成立前夕，举家迁至山东济南定居。1980 年去世。

恒兴户主姓叶，名不详，外号“叶胖子”，开茶行为主，兼营百货，后迁居山东。

胡石夫堂弟胡泽履一支现仍居黄尾镇，其嫡孙胡先文还在继承祖业。他与汪正发、郑光平三人合伙，出资百万，在黄尾街重开“同茂茶业有限公司”，继续做茶卖茶。

今天的黄尾镇已经是岳西县极具特色的风情小镇，各项社会事业蒸蒸日上。茶叶加工厂有 20 多家，在黄尾街加工销售茶叶的有 5 家。新同茂的三个合伙人与其他业茶人一样，正在满怀激情地书写着黄尾茶业发展新篇章。

（本文发表于 2015 年《茶业通报》）

钱子华

四望山：禅茶古道，接二连三

在皖西南大别山中，有一条古道，西起司空山，东到天柱山，途经四望山、佛祖岭、水吼岭、野人寨，迤逦80公里。由天柱山向东，便是万里长江；司空山向西，就是荆楚大地。这一带自古产茶，更有禅宗二祖、三祖祖庭及临济正宗楞顶堂上临济法派道场。自南北朝以来，佛事、茶事兴盛千年，所以又有学者称之为接“二”连“三”的禅茶古道。其四望山段，峰高巘叠，水秀溪清，迂回曲折，遗迹众多，又为途中之胜。

一

四望山为岳西县境纵贯南北的“青四”山脉南部起点，主峰1097米。由此北上，连接妙道山、驮尖、黄茅尖、小青尖等千米以上高峰，构成山脊线，将岳西分为东西两部分；跨岳西田头乡的土库、闵山、泥潭、田头、方边，店前镇的前河、后河、天台等村，面积30余平方千米。西邻二祖慧可道场司空山，东接三祖僧璨道场天柱山。其本身是禅宗嗣下临济宗杨岐法派重要分支楞顶堂派（全称“临济正宗－楞顶堂上临济法派”）开山立派之所。从明末光大和尚卓锡至1960年前后楞顶庵腐塌，楞顶堂派在四望山传20余代，香火延续400余年。据文献记载，慧可受衣钵为释门二祖，后建刹司空山，隋文帝开皇二年（582）传衣法于弟子僧璨，是为三祖。《禅宗大意》说，三祖僧璨“隐于舒州皖公山（即今潜山市天柱山），值北周武帝破灭佛法，师往来于太湖司空山，居无常处，积十余载……”其时，慧可、僧璨两位大师的芒鞋在四望山一带留下了无以数计的印迹。

司空山为天柱山古道四望山段，全长20多公里，现尚有十多公里旧貌犹存。该古道处深山之中，随山势蜿蜒起伏，凡坡岭险要地段，由石板铺就，遇河流溪涧，或置木桥，或撂石以作“难步”。沿途奇峰迭现，荫翳蔽日，野茶遍地，寺庙佛塔时隐时现，珍禽异兽出没其中，名贵药材随处可见。倒地的老树之上，苔藓、蘑菇甚至灌木茁壮生长，生命正在以自己的方式，交替轮回，生生不息。

四望山中庵堂寺庙及其遗址有十多处，如净土庵、观音庵、楞顶庵、五龙寺、雪山庵、川心庵、来月庵等，石质佛塔、碑刻、墓铭一百多座（块），为岳西佛教文化遗存最为集中的区域之一。它们分布于古道沿途，如佛珠串起，庄严而静美。

五龙寺西倚四望山极顶，形似五龙攒珠。该寺始建于元朝仁宗延佑四年（1317），迄今已700余年。寺内珍贵文物，有上刻“临济正宗—楞顶堂上临济法派”自开山始祖明灿有光下19代145位高僧的木质牌位，有清嘉庆状元赵文楷（赵朴初六代祖）题赠的“弗去”匾额（“佛法无边”意）一块及“谷虚繁地籁，红尘不入真仙境；境寂散天香，净土招题好道场”对联墨宝。

楞顶庵曾是四望山最大的庵堂，为楞顶堂上临济法派的祖庭，处四望山箬包岭上，建于明末天启年间。清中晚期，该庵拥有山场数千亩，良田数百亩，建筑有前殿、中殿、后殿三重，讲经堂、僧舍近百间，盛极一时。相传清代安庆知府张楷、状元赵文楷、大书法家邓石如、知县王曰修、司空山才子王大枢等名流均常来这里参禅论道。安庆知府陈金庭曾送千斤钟鼎一座，潜山县令张文彬赠四人抬大鼓一面。椤顶庵、五龙寺周围山上，有十余座莲花舍利塔，三至七层不等。“罗汉撞钟”处的大型墓塔，为椤顶庵第四代住持僧了达大和尚所建，规制最高，保存也最为完好。塔下圆形墓室面积一百多平方米，依二十四大山向，安放了二十四位祖师遗骸。

二

“吃茶得真味，念佛证菩提”，禅茶两种文化瑰宝，古时就在四望山一带完美相融，并传承千年而不绝。

四望山古属太湖、潜山两县，1936 年岳西建县始归岳西。唐代王敷《茶酒论》载：“舒州太湖，买婢买奴。”说的是舒州、太湖人因业茶而富，纷纷买奴使婢。四望山区域的闵山茶，在宋代就被列为贡品。明嘉靖《安庆府志》记载：“闵山，有果老岭……宋时，茶斤值四十六钱。”清顺治《潜山县志》记载：“闵山芽茶，岁派供应库二百九十斤，谷雨前者，岁派供应库二百八十五斤。”这里的“闵山”“果老岭”，就在田头乡四望山区的闵山村。四望山野茶久负盛名。创作于 300 多年前，被列入国家首批非物质文化遗产名录的岳西高腔《采茶记》中，就有“闵山钻林茶”的台词。

从四祖道信（580—651）开始，禅宗力倡农禅并重，定下“一日不作，一日不食”的清规。宋代高僧圆悟克勤（1063—1135），在湖南石门夹山寺写下“茶禅一味”四字法言，开辟了茶禅融合的新境界，使得“农禅”思想指导下的“茶禅”理念，更加生动鲜活。圆悟师从四望山近邻的海会寺（属太湖县）临济宗下五祖法演，并因法演的开示而悟道，其“茶禅一味”思想形成的活水，一定与皖西南茶乡这个源头息息相关。

明天启年间至晚清，以四望山中的楞顶庵和天台庵为中心，楞顶堂上临济法派明灿有光禅师及其后嗣，先后建寺庙庵堂三十多座。这些寺庙庵堂多建在地势相对平缓的坳头，周边茶园广布，很多茶园就是寺院的地产，由僧尼自己种植。清潜山文士陈昌园在楞顶庵参禅，曾作对联云：“畅好层山，杉径停云侵袂冷；愁阴拄颊，竹笼煴火焙茶香。”足见当时寺院僧徒不仅用茶，还自己动手种茶、采茶、加工茶。寺院所产茶叶，除待客和自用，还用作茶亭施茶。不少寺庙还在寺前路边建设茶亭，并派专人施茶供水，行善便民。四望山近邻就有两个庵堂直叫“茶庵”，一个在店前镇河东村，一个在菖蒲镇西畈。“茶庵，因庵中历来有人施茶，得名。”（《安徽省岳西地名录》1985 年版）。据当地老人回忆，以前四望山区的土库和闵山有茶亭，为“前亭后寺”格局，长年有僧人施茶。

四望山有“费公茶林”的故事，说元仁宗年间，九江费贤云游四望山，结庐五龙寺。其人佛心专一，且医术精湛。自辟山地一片，种茶数亩，号曰“茶林”，又在茶下种芋艿三百六十棵。平日除宣扬佛法，悬壶济世，就是青灯黄卷，参禅品茶，而每天进食仅限芋艿一棵。忽一日，天生飞火，燃其草庐，高僧手持法杖，身披棕蓑衣，飞身赴火，引火焚身（据传，“穿蓑衣打火，惹火上身”俗语即出于此）。有人见其于火光之中放声大笑，脱去皮囊，飞升而去。旋即天降大雨，挟石而掩其骨骸于茶林。如今，“费公坟林”遗迹尚存。坟茔所在地有荒老茶园逾百亩，当地称“费公茶林”，为四望山十景之一。

现在，四望山一带是岳西县重点产茶区域。古道沿途，有优质茶园万余亩，所产岳西翠兰、炒青等，品质上乘。闲暇之余，我们若走进岳西，漫步四望山古道，不仅可以感受大自然的造化神奇，还会切身体味到禅的深邃、茶的意韵。

（本文发表于《安徽省茶文化研究会 2018 学术年会论文集》）

钱子华

茶禅文化在岳西的传承

地处大别山腹地的岳西县，是中国名茶之乡，也是禅宗发端之地。备受人们推崇的茶禅文化，在这里有着独特而完美的传承。

佛缘久远

公元 6 世纪初，达摩祖师自印度来，卓锡嵩山少林寺，面壁九年，将禅宗传入我国，被尊为“中华禅宗初祖”。公元 574 年，北周武帝灭佛，禅宗临难。为保宗护教，慧可大师（二祖）受达摩心法，护经像往舒州（今安庆地域），隐居司空山，建场弘法。隋开皇二年（582），二祖在司空山将达摩亲传的木棉袈裟和《楞伽经》四卷传给僧璨，是为三祖。开皇十年（590），三祖僧璨驻锡皖公山山谷寺，修禅布法。后，衣钵又相继传于四祖道信、五祖弘忍、六祖慧能，使禅宗在南方扎根。

慧能之后，又经千百年传承、发展，终于使禅宗流传四海，实现了达摩“一花开五叶，结果自然成”的偈语预言。

当年，慧可大师胸怀大愿，护禅弘法，来到司空山，历经千辛万苦，使禅宗一脉得以保存并发扬光大。“跃过三湘七泽中，两肩担月上司空。禅衣破处裁云补，冷腹饥时嚼雪充。”这是清初临济宗三十二代法嗣、司空山二祖禅刹住持目唐介可的《示子诗》，述说了自己也包括二祖慧可在内的历代大德在司空山抱本苦修的艰辛。可以说，没有慧可，就没有中国的禅、禅宗以及禅宗文化。也因为慧可，岳西的司空山成了“中华禅宗第一山”（赵朴初语），成为名副其实的中华禅宗发祥地。

作为禅宗祖庭的司空山，其真正兴盛是在慧可卓锡一百八十年之后。隋文帝赐镒慧可“正宗普觉大师”，唐德宗加赐“大祖禅师”。六祖慧能门下本净禅师，追寻慧可足迹来到司空山，自此，司空山进入鼎盛时期。当时，本净禅师恰遇唐朝中史杨廷光奉唐玄宗之命到司空山寻“长生不老之药”。两人邂逅，终日论道，杨廷光自觉深受教益。他回朝如实奏报，唐玄宗下旨，召本净禅师入京，拜国师，还山敕建“无相禅寺”。本净禅师满载荣耀返回司空山，将玄宗赐银建了“无相禅寺”，造僧房5048间，下设九庵四寺，拥有僧众7200余人。一时间，司空山名扬海宇，僧尼云集，香客盈门。本净禅师圆寂后，江南太平智丙禅师渡江移住司空山，继阐禅风。自唐后历五代至宋，于司空山住持无相寺的高僧有正德、真际、圆通、清晓、法演等。这期间，司空山佛事基本保持了盛唐时的面貌。到了宋末，元兵占司空山，将丛林廓宇付之一炬，此后很长时期，祖庭佛事无以为继。由于司空山在佛教禅宗中的特殊地位，宋后历朝历代来到司空山及其周边地区拜佛祖、建道场、弘扬佛法的名僧大德，依然不乏其人。其中，影响最大的当属临济祖师及其法派裔嗣。

临济（？—867），晚唐高僧，俗姓邢，名义玄，创临济宗，为禅门“五家七宗”之一。史载，唐末临济派祖师临济义玄，从天目山来到妙道山一石洞中修行，开创临济道场，自此，妙道山香火渐盛。《潜山县志》记载：“由多枝尖南行经妙道山有妙道庵，西临太湖，临济修道处。”妙道山临济道场传至北宋仁宗赵祯时期，仁宗颁诏敕赐妙道山禅基，建金璧寺，并钦题“金璧禅林”金字匾额。建成的金璧寺占地12000平方米，宏伟壮观，殿宇有前、中、后三重，寺院建筑高达十余米。寺僧弟子800多人，置田庄千座，设脚庵24座。至此，妙道山暮鼓晨钟，梵音缭绕，声播远近，香火延续了800多年。1941年，岳西县县长陈汉流为剿新四军张体学部，将其付之一炬。《岳西县志》载：“烈焰延烧三日，金碧辉煌的古刹仅存石碑、石澡盆、石棺材和寺基石……”现在，妙道山已为国家森林公园。园内群峰叠翠，峡谷幽深，奇观异景甚多。登上金璧寺后的千级石阶，还能看到临济祖师当年卓锡修行的石洞——“祖师洞”和洞内供奉的祖师神像。

与妙道山一河之隔的四望山，是禅宗嗣下临济宗杨岐法派重要分支楞顶堂派（全称“临济正宗－楞顶堂上临济法派”）开山立派之所。从明末光大和尚卓锡至1960年前后楞顶庵倒塌，楞顶堂派在四望山传20余代，相继在该山及其周边建脚庵30余座，香火延续400余年，影响同样巨大。现存四望山崇山峻岭之中的庵堂、寺庙及其遗址有十多座，佛塔、碑刻、墓铭一百多处。胜迹连连，班班可考。

名茶荟萃

岳西茶见诸文字的记载可上溯至南北朝时期。成书于南北朝的《桐君录》有记载曰：“西阳、武昌、庐江、晋陵，好茗，皆东人作清茗。茗有饽，饮之宜人。”庐江郡系秦末所置，直至东晋安帝义熙年间（405—418），今皖西南地区一直属庐江郡。因此《桐君录》所记“庐江好茗”，当包括岳西茶在内。

唐陆羽《茶经》对岳西茶也有明确记载。岳西位于大别山东段分水岭，为古舒州、寿州结合部，1936年析霍（山）、潜（山）、舒（城）、太（湖）四县边境新建。《茶经·八之出》载：淮南，茶出“光州”“义阳郡”“舒州”“寿州”，其注曰：“舒州，生太湖县潜山者，与荆州同”，“盛唐县生霍山者，与衡山同也”。

近年有学者在日本刊行的宋代《太平寰宇记》中发现了“舒州贡茶”的记录。该书“舒州怀宁县”条载：“……多智山，在县西北三百里……山南有水一道，流入太湖县界，其山有茶及蜡，每年民得采掇为岁贡。”这里所说的“多智山”，正是今岳西境内的大别山第三主峰多枝尖，所说的“岁贡”之茶，就是这一带生产的优质高山茶。

明清以后，方志对岳西茶叶有了更密集的记录。《安庆府志》载：“茶，六邑俱有，以桐之龙山、潜之闵山为最。”《潜山县志》载：“潜山多茶，近六安者佳”潜山“望山、果老岭产茶。”《霍山县志》载：“南乡茶优异，多入贡”“南乡之雾迷尖、挂龙尖二山左右所产，为一邑之最。采制既精，价亦倍于各乡。”上述史料所称闵山、望山、果老岭、霍山南乡、挂龙尖，均属今天的岳西。

唐宋以降，岳西境内出产的可考名茶有天柱茶、黄芽茶、六安茶、兰花茶、闵山茶、多枝茶等几大类，细分又有银针、雀舌、梅花片、兰花头、松罗春、小茶、钻林茶、连枝青、老飞天等。

进入 20 世纪 80 年代中期，一代名茶岳西翠兰横空出世，使得岳西这一古老茶区更加茶香四溢。现在，在历史名茶“兰花茶”基础上创制的全国名茶岳西翠兰，已成为闻名四海的“国际金奖名茶”“国宾礼茶”，岳西县也因此成为“全国重点产茶县”“全国茶叶示范县”“中国名茶之乡”，茶叶产业已成为岳西县名副其实的特色产业、支柱产业。

茶禅相助

我国茶叶的发展受禅宗影响最大。由于茶的“静”“和”“益思”的特性与佛性相通，历代的寺院丛林、高僧大德都把茶事活动作为资修手段，种茶、制茶、饮茶，终年不辍，从而助推了茶叶事业的发展。唐人《封氏闻见记》载，唐开元年间，寺院大兴禅教，“学禅务于不寐，又不夕食，皆许其饮茶……从此转相效仿，遂成风俗”。在岳西，禅与茶自古相伴相融，相助相促。

河姆渡遗址考古证实，长江流域在6000多年前就有了茶树的人工栽培，而大别山自古就是宜茶境域。慧可秉持达摩真传，主张“见性成佛，不立文字”，所以，我们对祖师在司空山的生活细节知之甚少。但笔者认为，鉴于当时实际，坊间传慧可大师来司空山持以苦修，亲自开荒山，垦草地，种粮种茶，绝非臆测。唐代以后，随着文化和佛事的兴盛，见诸文字的禅门茶事也日渐丰富。三祖僧璨受衣钵驻锡皖公山（即天柱山）麓的山谷寺，条件改善，即在禅林专辟“茶林庄”，把茶事活动纳入佛事修行之中。临济宗法派在妙道山、四望山开辟道场，在禅林设茶堂、辟茶园，由僧人自制香茗以供寺用。北宋时期，国家实行榷茶制，对茶叶实施专营。岳西资福寺（宋初名寺）所在的汤池畈罗源山区域，由于茶园多，人口集中，货运便捷，政府直接在此设茶叶专买场。这就是史上赫赫有名的宋代茶叶“十三山场”之一的罗源场。《梦溪笔谈》记载，嘉祐六年（1061），“舒州罗源场买茶一十八万五千八十二斤，卖钱一万四百六十九贯七百八十五”。宋代，通判谢明游司空山后写下诗句：“松花细嚼蒲团月，春茗新烹老衲蹊。”（《司空山宿无相寺》）诗人陈昌园有咏《四望山》诗曰：“杉径停云侵袂冷，竹笼煴火焙茶香。”寺院僧人，既吃茶，也亲自做茶。

不仅如此，古时，根据山区道路崎岖、行人极易疲惫燥渴的特点，许多寺庙甚至直接在山间岭际修亭起灶，义务施茶供水，以茶行善，以茶资修。新中国成立前夕，岳西有茶亭50多座，有据可考由寺院禅堂出资修建并免费施茶的茶亭不少于10座。其中最知名的有位于司空山东3公里处的茶庵茶亭（茶庵建），白帽镇境内的亭子岭茶亭（广佛庵建），天堂地区黄沙岭茶亭、黄梅坳茶亭（均为诚意寺建），等等。

由此可见，岳西寺院茗饮自二祖以来一直盛行不衰，茶与禅相互影响，相互促进，相得益彰。直至今天，禅文化对岳西茶业发展的影响依然清晰可见。县内有较大佛事场所的地区几乎都有好茶出产。如司空山、妙道山、四望山，资福寺所在的冶溪镇、店前镇、河图镇、五河镇、温泉镇，雪山庵所在的田头乡，乐诚寺所在的头陀镇，诚意寺所在的石关乡，长岭庵所在的菖蒲镇，石佛寺所在的包家乡，太阳尖庙所在的姚河乡，等等，均是全国名茶岳西翠兰的重点产区，甚至是核心产区。其中许多茶叶，色香味形俱优，堪称佳品。此外，岳西县许多茶叶生产商，为了弘扬茶禅文化，运用各种方式，解析、宣传茶禅思想，有的甚至干脆将其生产的茶叶产品，直接称为“禅茶”。

总之，岳西茶叶历史悠久，禅宗活动源远流长。千百年来，其茶，总是洋溢着禅的意味；其禅，也一直浸润着茶的芬芳。

卷三 ◦ 本土佳构

吴传兵

公山山妹子茶（外一篇）

当第一缕春风借着杨柳新蕊吹进大别山，当第一场春雨乘着鸟语花香飘进公山村，大别山及其深处的公山村便一改冬日容颜，如同画家的妙笔轻点，赤橙红绿青蓝紫，尽染崇山峻岭，尽染千亩茶园。

这是人间最美的季节，桃红柳绿，姹紫嫣红，相约而聚，煮水品茗。这也是人间情思易发的时节，春意盎然，情意绵绵，踏青访友，共叙衷情。喝着新茶，谈着旧话。谈着谈着，忽然发几句感慨，或诗兴大发写出几句诗来，也是情理之中的事情。我应邀参加“茶香万里·云上公山”来榜镇公界尖千亩古茶园第三届采茶文化节活动，也偶得几句：“桃花未尽开菜花，漫野金黄映彩霞。自昔人勤春来早，清明已煮公山茶。”

公山茶源远流长。唐代著名茶圣陆羽《茶经·八之出》记载：淮南，茶出“光州”“义阳郡”

“寿州”“舒州”。《梦溪笔谈》记载，嘉祐六年（1061），“舒州罗源场买茶一十八万五千八十二斤，卖钱一万四百六十九贯七百八十五”。据考证，舒州罗源场就设置在今天岳西境内的温泉镇资福村一带，地域范围辐射一山之隔的公山。明人许次纾《茶疏》中写道：“天下名山，必产灵草。江南地暖，故独宜茶。大江以北，则称六安。然六安乃其郡名，其实产霍山县之大蜀山也。”当年的公山即属于“舒州”，又毗邻“六安”，是历史名茶的故地。

名茶故地公山，有座公界山，因史上是潜山、霍山两县（1936 年才设立岳西县）的界山而得名，现今位于岳西县来榜镇与青天乡交界处。公界山顶峰公界尖，高耸云霄，海拔 1562.8 米，是江淮分水岭上的一座名山，襟连吴楚，中断江淮。公界尖还有一个特别有意思的称谓——探头尖，意即高大绵延的来榜大冈也遮挡不住公界尖的风韵和身姿。无论是春花秋月，还是寒来暑往，公界尖都从万山丛中探出高高的头，张望四周，犹抱琵琶，欲说还休。如果从岳西城关往西北眺望，也能看见公界尖露出其头颅和眉梢，羞羞答答，若隐若现，默然无声地将岳西城关回望。

当历史的发源与当今的发展奔涌相抱的一刹那，公山村展现出新的面貌。我到公山村来过多次，深知公山人选择这方宝地的缘由。坐卧青山，勤劳而为，修身养性，过着山里人日出而作、日落而息的日子。这日子里有公山茶的滋养。

如今的公山，山还是那座山，梁还是那道梁，茶却是越来越精致香醇了。每到三月嫩芽初发，云雾从山间慢慢升腾，毛茸茸的芽尖顶着露珠在晨光中闪耀，翠林掩映着白墙黛瓦，一个个如花似玉的山妹子，合着缕缕炊烟和柴鸡的打鸣走出屋舍，飘然若仙。山妹子们腰系小竹篓，结伴去茶山。瞬间，嫩绿的茶园间摇摆着水蛇腰，飘荡着煽情的茶歌。“山妹摘茶哥来做，一做做到五更头；哥送山妹到门口，抱着山妹不放手！”“山妹子十八春，爹妈不放心，打高院墙关紧门；墙儿八丈高，门儿拴得紧，就是神仙也难进……”一歌一曲一俚语，打情骂俏情意浓。茶园里的山妹子，是一幅绝美的画卷，那是好山好水、好茶好饭养出的山妹子。来到公山茶园的山外人看呆了，听呆了，傻傻地，好生羡慕。

一群群花红柳绿的山妹子，依着茶山一字排开，嬉笑逗乐唱和间玉手翻飞，一片片毛尖芽头便攥入柔嫩的香掌，飘入竹篓，稳、准、快、灵，如同魔术。山妹子玉手采摘制出的公山茶，别有一番甘香之气。其色泽翠绿，汤色碧绿，叶底嫩绿，外形优美，芽叶相连，自然舒展，酷似兰花。轻啜一口，清香高长，醇爽回甘，有兰花香。

公山人日复一日地享受着山妹子茶所赐的曼妙清欢。晨起，端起茶杯，喝出一天的激情；晚归，抱着茶壶，消解一天的疲惫。

这就是公山山妹子茶的诗韵和风情。

公山有嘉木

陆羽说，茶者，南方之嘉木也。

公山也有嘉木。

公山是岳西县来榜镇的一个村，地处大别山腹部的崇山峻岭之中。松树、香樟、黄栌、紫薇、冬青、槭树、鹅掌楸、大叶女贞等各类树木，遍布山野，错落其间，竞相生长，绿意盎然。兰花在树荫下迎春而放，红杜鹃点缀在绿色之中，散发着火一般的热情……

在这个高海拔的深山密林中，有片千亩古茶园。茶园朝气蓬勃地卧在公界尖的半山上。茶树立在山坡，立在山垴，立在山溪旁边，绿色盎然，千年安详。

我站在茶园之中，一眼望不到边。一千五百多米高的公界尖山巅托举着天空，把四季的雨露阳光洒给了茶园；几宗余脉蜿蜒而下，把茁壮成长给予了茶树；几泓山泉潺潺远去，把山高水长赋予了茶林；散布山间的野兰花等各类野花，把扑鼻芬芳融入了茶苗……

这里的景致正好，就是为了公山茶园而生。

我跟着采茶女学摘茶。嫩嫩的茶苗摘在手中，恰似十八岁少女的肌肤，细嫩如玉。她静静地卧在我的掌心，一股清香散发开来，入心提神。我轻轻放入茶篓，生怕弄疼了茶苗。我知道，茶，是有灵魂的，是圣洁的，必须得到呵护。

陆羽对茶就很呵护，更深有研究。他在《茶经》中将茶树生长的环境土壤分为“上者生烂石，中者生砾壤，下者生黄土”。烂石就是风化较为完善的土壤，也就是我们俗话中所说的生土，能使茶树生长健壮；砾壤就是含沙粒多、黏性小的土壤；黄土就是黏性和透气性均较差的土壤，茶树在黄土里生长，慢且茶质较差。你看，从公界尖延绵下来的山山埚埚，土质优良，溪水潺潺，属于较好的烂石之地，加之气候高寒，阳光充足，山花烂漫，将这片千亩茶园滋润得鲜嫩欲滴，茶香万里，早在20世纪70年代就名列全县三大名茶之一。公山茶园的灵魂就在这块灵性的土地。

公山茶园下方不远处，有一道古城墙，清一色的山中之石垒砌而成。石墙已经青苔累累，看不到石头的本色，石缝中长着芭茅和小树，摇曳生风。城墙高达10米，宽约5米，长300余米，留一城门进出。城墙前方，梯田层层溪水潺潺；城墙后面，鸟语花香茶园茵茵。城内便是远近闻名的王家大院。明末清初，王姓族人垒墙建城，设置门禁，合而群居，出前门兴田种地，出后门育园摘茶，蓄聚力量，“反清复明”。但终因此处山高林密，力量单薄，未能达到王族之理想，却将城墙后的茶园培育得很茁壮。四百多年来，岁月更替，物是人非，城墙已多坍塌，茶园仍旺盛。现在，我身在其间，眉头眼角化不开的绿意中有着王家大院的厚重，鼻息胸腔逃不掉的韵味里更有着公山茶园的清香。

《名山志》上说“中国有三十六洞天，七十二福地，分布在九州四海”。我觉得公山，既有洞天，又有福地。有公界尖这样洞天福地兼而有之的高山为母体，自然就会孕育出闻名遐迩的公山绿茶。公山茶，香气清新纯正，汤色清澈明亮，滋味醇厚甘爽，自古受人称道，在世世代代公山人的精心呵护下，与姚河翠兰、石佛寺炒青等名茶并驾齐名，打造出了岳西名茶系列品牌。

“莫道醉人唯美酒，茶香入心亦醉人”，春深茶更绿，茶绿香醉人。来公山吧，激流飞瀑，罡风岚气，鸟语花香，浓浓春意，必定为你奉献满山遍野浓香郁郁的公山嘉木，必定会为你烹煮一杯蕴含着天地奥妙、自然密码的公山绿茶。

坐在公山茶园的阳光下，观岳西县大别山科技学校茶艺班女生茶艺表演。茶几上放着各种茶具，茶灶正煮着公山的清泉，太阳很红，把少女的脸映得更红。公山茶，产自高高的公界尖，吸收天地的灵气，在纤纤玉手的翻飞中，两杯香茶分别呈在我和镇长王女士的面前。我端起来，细赏杯中茶汁，轻盈而清朗，一股香气袅袅升起，扑鼻而来；轻品一口，沁入心脾，有当年文徵明和诗友在有“天下第二泉”之称的无锡“惠山泉”品茗的况味和意境；再喝，苍穹、高山、流泉、古松、芬芳……尽入肺腑。

得一日之闲，来公山品茶，可抵十年尘梦。

沈足芳

石佛的茶会说话

石佛的茶会说话，这是真的。

石佛，其实是石佛寺，深居大别山崇山峻岭之中的包家乡，山高林稠，云雾漫漫。人在雾中行，染上了仙气，多了几分随意，因寺就名，所居之地也就叫石佛寺。古寺清寂，山花烂漫，溪流泠泠，鸟鸣清幽，浸润山花味的茶香丝丝缕缕，悄然盈满袖口。

寺内石佛，历经岁月，面容平和。寺旁老松，曲干虬枝，绿风晃荡。目之所及，延伸到天边的都是绿。浅绿的新茶探头，墨绿的茶株涌动，山居的白墙红顶、台阶篱笆，都在绿野中各自安好。

山高，茶好。无边的好茶虔诚凝望山寺的方向。天神眷顾，赐石佛神茶。寺边有棵母茶树，当地乡民敬之为神茶。何也？按说一棵茶株上长出来的叶片应该形状相同吧，这棵茶偏不。同一棵植株，半边叶片与寻常茶叶无异，半边叶片似柳叶眉尖；

一半发苗，另一半不动声色，千呼万唤月余，兰尖初露，眉间笑意晏晏，可谓神迹。这株茶也被称为大别山的“半棵神茶”。阳光雨露中，众茶颔首，相互致意。喝一口石佛的翠兰茶，心间一片晴朗。

石佛人爱茶，守护茶。无论外界如何喧嚷，这里的茶人坚守着一份本心，植有机茶，做健康茶。老茶人几十年种茶，护茶，采茶，制茶，像守护心爱的孩子成长，看得懂茶的每一种颜色，读得懂茶的每一种表情，心里装着一片明媚的春，搁着一季微醺的夏。这里的茶农采茶草，面目舒展，神情专注，双手拈提，大小均匀。天色微明至暮色浮起，得一篮子欲滴的绿。卖茶草啦！自己称好，倒在收茶草人家堂屋的绿竹笸篮里，写下名字与斤两。晚上收茶草的人该制茶了，就会看到字条，黄四毛，李五斤，王二妹，张三嫂，他们的茶草送来了，记得明天付人家钱。至于斤两短缺，没有的事，咱石佛人讲究的是一个实诚，对自己，对他人，也对茶叶。你再问一声，为什么？保准奇怪地看着你，咱们的茶碧翠清心，有歪心会污茶呢。手工极品翠尖，一芽独立，方正傲娇，绿意蓬勃。翠兰茶，翠绿如兰，香气清幽，似有还无。绿茶就多啦，炒青，弦月，螺翠。夜来有客茶当酒，一弯弦月，一杯清茶，漫山遍野，田螺学初生的小牛鸣叫，温软柔和。石佛村民只道炒青，窃以为极好！就是炒青色啊，历经烟火，层层工序，青色就有了厚度，有了慈悲与温暖。炒青也是炒青涩啊，炒去一片青涩，沉淀一抹风雨的浮尘，风霜的味道，那是自然，是本真，就像这里山间的小溪与流水，真善纯美，绵绵无绝。

石佛的生态茶园，坚持有机种植，不用农药化肥，不种植转基因作物，避免对动植物“非自然”干预，以保证产品品质。人工除草，茶地蓬松，茶株下有厚厚的腐殖质，上空苍鹰盘旋，低空蜜蜂飞舞。石佛人家种茶养蜂，蜜里带着茶香味，茶叶里有嘱托，家人的生计，孩子的学费，都在茶叶里，绿色的茶片里，是希望，是憧憬。

石佛的茶叶会说话，它用最纯粹的口感来表达自己的情绪，那是经过岁月的淘洗后沉淀下来的精华，有淡泊，更有坚守。

去过石佛寺，丈量过石佛寺的茶园，抚摸过石佛茶的叶片，沐浴过石佛寺的绿风。我在茶园里听到路边播放的曲子——《和兰花在一起》，恬静温馨，茶香与兰香交融，那是石佛茶的清音啊，正所谓“石佛新茗煎朗月，闲情尽在水云间”。

储先亮

一方烙印

“粗茶淡饭”“摆糕果茶”“喝子茶”“炒焦茶”……从这些今天仍然鲜活的语言和风俗就可以看出岳西人生活中少不了茶。

岳西生产、销售茶叶的历史十分悠久，因为县域建制较晚，而且是出于政治和军事的需要，而非经济目的，所以，很多经济和人文方面的记载多散见于邻县志书或其他文献中。但是岳西民间流传的“走汉口”“上江西”等一类词语，是口口相传的涉及经济活动和人文历史的缩影，其中“走汉口”讲述的便是岳西茶叶和中药材等大宗农副产品经武汉逆汉水而上融入秦岭茶马古道一路向北的史实。

以我猜想，岳西古时候的茶叶品种就品质和形状而言应该是以炒青为主，间或还有“黄大茶”。打小时候起，我们所见到的茶叶的品种还是以炒青和黄大茶为主。“春茶苦、夏茶涩、秋茶好喝摘不得”是岳西茶谚。但是，季节不等人，在生产力不很发达的古时候，农民总是追着季节跑。“老天飞”“黄大茶”便是农民同季节赛跑的产物，这种带有“无可奈何花落去”的仓促制品，除了农家自饮外，大部分都能远销他乡。

“人间四月芳菲尽，山寺桃花始盛开。”山高林密，昼夜温差大，云雾缭绕，生长期迟且漫长等特定环境造就了岳西茶叶与生俱来的个性，因此，千百年来岳西茶叶并非是养在深闺人未识，但其获得蜕变是在20世纪后期至21世纪初。岳西茶叶自从有了一个叫“岳西翠兰”的名字以后，用了差不多近三十年的时期，从诞生到成长，成就了一个可以永载史册的品牌。

1985年是岳西茶叶获得新生的年份，当年安庆地区举办名优茶评比活动，岳西样茶参评，崭露头角。专家们据其“色翠兰香”的品质特点，将之定名为“岳西翠兰”。6月，国家农牧渔业部、中国茶叶学会联合在南京举办首届全国新名茶评比活动，岳西翠兰因“品质优异，风格独特”，进入全国新十大名茶之列，农业部为其颁发《优质农产品证书》。随后《人民日报》作出专题报道，岳西茶叶声名远播，从此岳西茶叶有了一个漂亮的名字——“岳西翠兰”。

岳西翠兰一诞生，青睐岳西茶叶的商贩和客人，在每年新茶上市之际从四面八方蜂拥而至。茶叶季节经历清明、谷雨两大节气，再加上五一劳动节。每年茶季，岳西山城以及各乡镇集市上的商人和一般购茶者熙来攘往，络绎不绝。一时间，人间天堂，茶叶飘香，餐饮住宿，行业兴旺，所有的热闹和繁荣都因茶事而起，茶季成为岳西最为火红的季节。

在这样火红的季节里，最为辛苦的是茶农和茶叶经销者以及市场的管理者。茶农不光白天“足蒸暑土气，背灼炎天光”，还要通宵达旦，面对炭火炙烤，制成茶叶去赶早市。市场管理者忙于服务和监管，在没有专业市场的情况下，农贸市场、十字街、前进路、解放路、天堂路……每年政府都要封闭一条街道满足茶叶交易的空前盛况，市场监管者整日不仅要维持交易秩序，还要投入精兵强将打击投机倒把、查处缺斤少两等扰乱市场秩序和损害消费者利益的行为。

“冲天香阵透长安，满城尽带黄金甲”，一开始，市场上人头攒动，茶叶满街，但满街的茶叶都叫“岳西翠兰”。这些都有一个“岳西翠兰”名字的茶叶从县内四面八方来，甚至不远万里，从他乡而来。在鱼目混珠、真假难辨的现实面前，岳西翠兰名称拥有者和县工商局很快意识到要加强对岳西翠兰名称的保护，“岳西翠兰”注册商标就是这样应运而生的，时间大约在 1991 年。

注册商标所有人的权益受法律保护，“打假”有两层含义：一是打击假冒侵权，二是打击质量低劣。“打假”本来是一件有法可依的事情，但是在岳西翠兰市场交易监管中又出现了新的问题。每年县工商局依据《商标法》等相关法律法规从纵向和横向两个方面打击商标侵权行为。纵向监管由经济检查大队（后为经济检查分局）和市场监督管理股牵头，领导全县各工商所，按照属地监管的原则对辖区内茶叶市场进行监管。横向监管就是和商标所有人一起前往安庆等地市场，同安庆市工商局监管执法者一道在安庆“识假”“打假”。几年下来，疲于应对的打假远远去除不了市场的乱象，这种乱象逐渐清晰地暴露出两大方面的尴尬问题。一是真假“岳西翠兰”口说无凭，“岳西翠兰”商标所有人印制的包装流入市场，茶叶装进这样的包装里，要区别真假“岳西翠兰”，最常规的手段是检测，因为检测没有标准可依，真假李逵无法分辨。这种尴尬实际上是在呼唤“岳西翠兰”质量标准的制定。二是“岳西翠兰”这个名称让市场上出自岳西、而非商标所有人经销的茶叶没有名分。通俗地说就是，相同的制作工艺、一样的品质、都是产自岳西的茶叶，不经过“岳西翠兰”商标所有人的认可，使用“岳西翠兰”就构成侵权。但是这种“侵权”者更多的自然人是农民，其次是个体工商户和小商贩。他们生产、经销和贩卖的是地地道道产地在岳西的茶叶，但是不能叫“岳西翠兰”，应该叫什么？这让岳西茶叶整体面临一个名称上的瓶颈问题。这两种现象不仅导致市场监管者面对假冒岳西翠兰产品“束手无策”的尴尬，还面临“法不责众”的尴尬，同时，这种执法还潜藏着制约岳西茶叶产业发展的因素。这两种尴尬实际上是在呼唤“岳西翠兰”证明商标和地理标志的诞生。

为了解决这两个问题，一是由县农业部门牵头成立了岳西县茶叶协会，作为“岳西翠兰”品牌的管理者，申请加入茶叶协会的广大成员依据相关规定可以依法成为“岳西翠兰”商标的使用者，这样就解决了“岳西翠兰”商标使用上的瓶颈问题。二是工商行政管理部门积极支持岳西茶叶协会申报注册“岳西翠兰”地理标志证明商标，使“岳西翠兰”成为地标产品。2008年，“岳西翠兰”成功注册为地理标志证明商标。这样一来，产于岳西、按照“岳西翠兰”标准制作的岳西茶叶均可以称作“岳西翠兰”。这两个问题的解决是岳西翠兰产业史和品牌史上的大事，特别是地理标志证明商标的成功注册，不仅使岳西翠兰真正成为大众享有的品牌，还给岳西翠兰深深打上了一方水土的烙印。从今往后，“岳西翠兰”无论走得多远，那一方烙印都会告诉人们：她的故乡在岳西！

解决这两个问题说起来简单，但经历的过程是极其漫长而艰辛的。我国从计划经济过渡到市场经济，特别是加入世贸组织以后商标战略是自上而下的共识。在商标战略和保护知识产权方面，各级政府都先后出台了奖励机制，鼓励自然人和企业以及相关组织积极注册各类商标，省以下各级政府更是对注册商标在使用过程中能够争创市知名商标、省著名商标、中国驰名商标的情况都给予了数额可观的奖励。“岳西翠兰”从一枚普通商标成长为地理标志证明商标，从普通的注册商标先后发展成为安庆市知名商标、安徽省著名商标、中国驰名商标，其品牌创建之路上倾注了很多部门和相关人员的心血。

2012年春，时任安徽省委书记张宝顺同志来岳西调研时对岳西商标战略提出了具体的要求，在数量上对岳西创建中国驰名商标提出了具体的要求。2012年6月6日至7日，省工商局副局长程胤同志率省商标局刘国建局长一行，在市工商局局长檀向群同志的陪同下，专程赴岳西走访调研。6月7日上午，在时任政府副县长王思甜同志主持下召开了省工商局赴岳西实施商标战略专题座谈会。岳西县茶业协会及岳西县11家获得省著名商标企业负责同志和代表参加座谈。程胤同志就“岳西翠兰”品牌打造和中国驰名商标申报认定工作提出了具体要求。2012年9月，在国家工商总局商标局面临机构改革即将划归知识产权局、商标审核过程异常拥堵之际，时任政府副县长的方志国同志率农业、工商等部门负责人一起前往北京紧急协调，得到包括岳西北京同乡会秘书长汪龙麟教授在内的众多在北京老乡的支持。

2013年，国家工商行政管理总局商标局以商标驰字〔2013〕25号文《关于认定“岳西翠兰及图”商标为驰名商标的批复》认定岳西县茶业协会的“岳西翠兰”地理标志证明商标为“中国驰名商标”。这一认定填补了安庆市地理标志证明商标驰名商标的空白，也是安庆市第一个茶叶驰名商标、安徽省第二个茶叶公用品牌。“岳西翠兰”驰名商标的认定，对促进商标增值、增强岳西茶叶的市场竞争力、开展商标维权、防范不正当竞争等都具有重要的现实意义。

张白雨

种　茶

不知怎么我竟喜欢上了茶。

起初，我是识不得茶的，往那一坐，孬好有杯茶就成。忽一日与一位老茶农交谈，顺手牵羊“偷”了人家茶园里的两株茶秧子，便想着“自种自饮”的事了。

跟妻说种茶，妻满口“喷香”：种茶？种茶不容易哩！要如何如何选种、下种，如何如何挖坑、盖土，不然种的茶籽就长不出茶苗来。我说：有办法哩。就这样，那两株茶就青绿一片了。

接下来是研究做茶的功夫。想来做茶比种茶更不易，最难的就是色、香、味俱全。摘“一叶一芽一芯”、摘“满树清”；做毛峰、做翠兰、做炒青……不仅一道道的工序繁杂，还要忍耐炉火的熏烤和久站后腰腿之酸痛，当然，更多的是成功后的喜悦与甜美！

茶自然是种成也做成了，不然就不会有这“茶经”。茶秧子在我翻动的茶书里和繁忙的岁月里长成了茶树，茶树就在我的后窗外。窗外有棵绿茶很美，最美的还是永远充满绿意的心境。

新茶上市，我又到处张罗：五河的谷雨尖子，明山寨的翠兰，包家河的神茶，古坊、青天、田头的炒青……一处处，得手时弄斤把几两，是切磋技艺，也是细品个中滋味。

静坐案头的时候，杯中有一撮浓郁馨香的绿，一切烦恼都被抛之脑后，剩下的只有安宁与静谧。

兴致浓时，三两知己相聚，或是稀客贵宾远道而来，我便奉出这些“杰作”，每人一份，闲聊细品。这个时候我就很健谈，谈及的虽不外乎茶与茶经，然而，在座的每一个人都会受我的感染，心田荡满从杯中溢出的浓浓的绿，脸上露出幸福的微笑。

谈笑间，我想起岳西乡下那幅贴在中堂的对联：“有好客来堂上坐，恭敬只是一杯茶。”

朱王芳

飞向白云头

一

“采茶姐妹上茶山，一层白云一层天……”

——《采茶歌》

公界尖下采茶去，踏碎青山一片云。巍峨挺拔的公界尖似大肚弥勒穿着阔大的僧袍正在打坐，僧袍下就是岳西县来榜镇公山村千亩古茶园。远山清晰，山尖上白云缥缈，山脚下的古茶园绿浪翻滚，我们穿行在茶园中，如在绿波中荡漾。

好一处古茶园，我暗自庆幸自己不虚此行。暮春了，听说，来榜镇的公山村举行首届采茶文化节，我有点不以为然。公山村与我曾挂职的斑竹村近在咫尺，一直寂寂无闻。得知主办方邀请我们作协去采风，我还是欣然前往。岳西的古茶园，如石佛寺、香炉冲我都曾去探访过。来到公山村，我才听说，公山村的这片古茶园在20世纪80年代就与石佛寺、香炉冲并称岳西三大名茶的产地。石佛寺、香炉冲的茶叶早已名声在外，价格斐然。不知公界尖脚下的这片古茶园这么多年来为何一直这么安静，今天，春潮涌动下的古茶园又在讲述着怎样的故事。

今天的采茶文化节甚是热闹，高潮的环节当然是采茶比赛。“银钗女儿相应歌，筐中采得谁最多？”开始采茶了，我领到了一个水壶状的竹篓，系在腰间。一起参加采茶的县茶叶协会会长钱专家告诉我们，采茶要采一片叶与一个芽，一起摘，不分开，可以用指肚捻断，不能用指甲掐断。年少时，也曾陪母亲采过茶，不过，依稀记得那是采枝叶肥大的夏茶，大枝大杆，一芽四五叶，两三寸来长的茶草，采回家，铁锅上大火一炒，用炭火慢慢焙干。我们当地人俗称黄大茶：“古铜色，高火香，叶大能包盐，梗长能撑船。”那时的采茶没什么讲究，手一捋就是一大把。

摘茶青不能用指甲掐，只能拔断或轻轻掰断。这是生平第一次学到的摘茶技能。在修剪齐整的茶园里，从齐腰深的茶树上掰断一颗茶芽，放进系在腰间的竹篓子里，不断地反复这个动作，看似简单，体验那么一会也许很容易，但是茶农们整天摘茶真的很不容易。据说，一个熟手一天也就只能摘出四五斤茶青，做成一斤左右干茶。很多茶树并非是齐腰深那么合适的高度，如果只有两三尺高的话就只能深弯腰或者蹲下采摘。我旁边的一个大姐是个采茶能手，双手似蝴蝶翻飞，不一会，茶篓就装满了，采的枝头匀称，真是又快又好。手生的我甘拜下风，在众人的哈哈大笑中溜之大吉，中途放弃比赛了。

我干脆坐在茶园边的石头上，饶有兴趣地环顾四周。这片古茶园生长在海拔千米的山坡上，常年云蒸霞蔚，春天附近的山林中各种山花怒放，香气袭人。来时的通村路上处处是古迹，山下的清净寺梵音袅袅，明代的古迹王家大院，苍苔茵茵。石桥古朴，溪水潺湲。油桐花盛开在房前屋后，白色的花瓣，粉红的花蕊，清新淡雅，与初春的紫色泡桐花比起来别有一番风韵。今天，这片古朴的大地上处处焕发着生机。

为了公山村的长远发展，为了将这片古茶园推介宣传出去，为了公山村的村民增收致富，公山村的领头雁们早就在谋划了。陈志高是选派到公山村的挂职书记，退伍军人，黑瘦精干，他精心策划了这场采茶文化节。他诚恳地对我们说，我们有得天独厚的资源，有勤劳能干的百姓，我们现在要做的事就是把公山村这片古茶园的名声打响，让大家都来品尝公山茶。

茶品如人品，要把茶叶品质放在第一位，让消费者喝上放心茶。陈书记鼓励周边农户种有机茶，坚决不打农药、不施除草剂和化肥。向茶农发放粘虫板、帮助安装杀虫灯，一律施饼肥，从源头上保证茶叶的品质。

“山高水长路迢迢，清水煮清茶，敬上一杯解忧的茶哟……”采茶比赛结束后，我们接着一边观看茶艺表演，一边品评香茗。钱专家眉飞色舞，连赞道，公山茶果然名不虚传，醇浓鲜爽，回味悠长。我则吐出两个字：好茶。

二

“饮一杯翠兰，胜饮美酒千般醉了天堂……”

——《翠兰说》

细雨霏霏，峰峦叠嶂，穿过九溪十八涧，车行到白云深处，同行者兴奋地说，到了。姚河乡这个叫竹山的小村庄，青山葱茏，植被茂密，溪水潺潺，兰花飘香，更吸引我们的是路边的一片一片茶园。

刚下车，我们就迫不及待地去寻访500年的“茶寿星”。茶园里一棵棵茶树青翠碧绿，同行的姚河乡领导指着边角上一棵茶树说，这就是茶树王，据专家鉴定，有500年的树龄呢。

我们讶然，初看上去，这棵茶树与普通茶树无异，可是拨开它的枝叶，细细察看它的主干，有碗口粗，苍老遒劲。原来是茶农们年年给它修枝，好让它发枝生芽，所以长不高。“真名士自风流”，隐居在这个高山上的古茶树可真不少，他们都有数百年的历史，是真正的活化石。

茶园的旁边，生活着一个茶痴，他叫刘会根，是这些古茶树的守护神。洁净的厅堂里，既摆放着他喜爱的兰花，还摆放着他在各种茶叶评比活动中获奖的证书、奖杯，这都是他一生精心钻研茶艺的回报。作为安徽省第五批非物质文化遗产岳西翠兰手工制作技艺传承人，近六十岁的他依然坚守在大山里，守护着古茶园，坚持传统手工制茶技艺。

这位谈吐文雅的非遗传承人，热情地奉上香气四溢的新茶招待我们。

晶莹的玻璃杯中，一段绿茶之舞刚刚开始，水与茶叶的交融，由鹅黄而嫩绿而苍翠。不必说其味，其美历历在目，有迹可循，有色盈目。

“制茶30余年，我已经习惯了以茶为生，对茶叶，尤其是对岳西翠兰已经有了一种特殊的情感，茶叶就像是自己的孩子一样。”刘会根说。“从小对茶叶的制作工序熟稔于心，我的制茶经就是注重质量、不忘初心，坚守自己的制茶之道。”正如刘会根所说，炒茶、卖茶只是表现形式，茶的唯一真谛是品饮。

外面雨丝飞舞，我们静下心来慢慢品茗。面对茶杯里一汪嫩嫩的、黄里泛绿的春水，深深呼吸一下，然后啜上一口，心神稍安，再啜上几口，五脏六腑都熨帖了，一股太和之气遍布全身。

“野泉烟火白云间，坐饮香茶爱此山。”这片在唐代就属于陆羽《茶经》中所指的“舒州”茶区，分布在深山壑谷之中，绝大部分海拔在六百至一千米之间。周围树木葱茏，百花溢香，茶园终年云雾弥漫，茶芽鲜嫩肥壮。有史料记载，这里的茶叶生产可以上溯到唐代。今天，这些古老茶农的后人们更是不断地将茶艺创新发展，岳西翠兰茶香因此溢满海内外。

下得山来，行走在茶马古道上，陪同我们的乡领导兴致勃勃地告诉我们，他们正在将姚河乡的茶叶与第三产业结合，走生态旅游之路，以优质的生态资源，吸引更多的人来休闲观光旅游，带动周边群众发展民宿。同时加大夏秋茶开发力度，延长茶叶采摘期，拓宽茶叶销路，进一步增加群众收入。

天上白云朵朵，春日的阳光在山顶照耀下来，茶园也被染上一层金光。茶园深处，一群群身着蓝花小褂的采茶姑娘正在给远方来的游客表演戏采茶。“四月盘茶四月梭，燕子衔泥满树拖，金玉良缘茶山结，燕子双双两相和……”优美的茶歌飘荡在青山绿水之中。正是：采茶姑娘茶山走，茶歌飞向白云头，茶香满箩歌满坡哟……

王扬颂

中国茶（外一章）

一

一群又一群围绕着地名茂盛的精灵，将东方修剪和装饰得青翠欲滴。脆嫩的芬芳站在山川之上瞭望，清明和谷雨的滋味像春天的花朵一样绽放。又一度美妙的年轮仿佛从此开始，到处是人间洪亮的吆喝和滚热的脸庞。

一枝又一枝支撑着时间摇曳的花朵，在光亮抑或幽暗的杯盏里歌唱。纤细以及粗壮的喉嗓，吸引着天下各种肤色的目光。尘世间全部的纯洁与清香，共同婉转成熟的模样。沉淀或飘浮，总是生命中百看不厌的景象。

二

在缥缈的远古里舞蹈，曼妙的身形抚摸过神

农氏舌间的百草；在丰孕的仰韶驻守，从母系的根须开始培育农业的婀娜。六千年的记忆深处，贮满八万里的环球凉热。中国茶，是一层层铺展在云空之中的眼神，俯瞰着全世界的味觉，度过一个又一个春秋冬夏。

在城市的富贵与贫穷中穿梭，明亮的眼睛看过了许多崇高与丑恶；在乡村的鲜活和葱茏中漫步，恬淡的面容普照着朴素的心情和美德。金木水火土的大地之上，挺拔起一片又一片温良恭俭让的光芒。中国茶，是一层层匍匐在民间的愿望，呵护着白天和黑夜的关爱，让东方的姿势茁壮成长。

三

清清的小风中悄悄地挥手，顺便掀开的是《诗经》的褶皱；薄薄的细雨里幽幽的凝眸，随意构筑的是汉赋的思路。村姑的兰指轻轻重重的弹拨，款款布置的是唐诗的韵律；烘焙的箩筛星星点点的透亮，散散落落的是一阕又一阕宋词的节奏。中国茶，像一根坚韧的丝线，一路钻研，一路贯穿，将濡染着华夏色调的图景，一幅幅地呈现。然后在明丽的天空下铺展，在丰满的地球周身绵延，将各种款式的回味，一一收藏。

口吃的陆羽测量过她的筋骨，风流的乾隆提升过她的品性；庄严的孙中山绽放过她的朵颐，伟大的毛泽东咀嚼过她的豪情。无数的身影在眼底扎根，全部的生命浸泡着尘世间的一切有名与无名。中国茶，如同自古及今最为好脾性的母亲，给予着一串串的岁月和一串串的儿女无私的馈赠以及婉约的提醒。

四

变幻的形态，综合着生活的走向；丰富的色泽，灼照着情感的炎凉；或深或浅的香气，飘扬着高高低低的痴迷；或温或热的期待，培植着长长短短的向往。从一种体会转移到另一种体会，从一个地方嫁接到另一个地方，中国茶，在一切麻木或火热的心灵上播种，提炼快乐，也化解彷徨，同时分辨着卑微与高尚。

收获温馨，我们倾听着她的柔情；体验冷峻，我们打量着她的坚硬。选择她的平和，我们平熨人生的饥渴；借用她的浓淡，我们把握岁月的浮沉。中国茶，是一种思想，传播着许多有形的启示；中国茶，是一层哲理，等待着一切精确的占领。

高天之下，种茶的人精神抖擞；厚土之上，饮茶的人不慌不忙！

乡村茶歌

一

彩云之南，茶用喷香的呵欠打开尘世的惊讶。目测出春天的远近和深浅，从容不迫的根须四处弥漫。

像是无数只生动的纤手，轻轻触摸着广大的岁月；又像是太阳抑或月亮的心思，转眼之间点染在万水千山；更像是一种结实的判断，告诫自己是活跃而稳固的状态与颜色。

香醇甘美的姿态在时间水汪汪的眼睛里浸一浸，氤氲的神情，便蓬勃在一切胃口晴朗的地方。整个世界都回荡着一种坚韧的感受，空灵的名字叫舒畅。

二

从丰满的传说走进朴素的民间，现实中的茶最喜欢在博大的乡村停留。高耸的云雾和清澈的泉流，养育着她优秀的身段；蜿蜒的小径和崎岖的山道，修饰着她曲折的思维；散淡的鸟语花香以及隐约的清风流岚，掩护着她最为经久不衰的筋骨与品格；更有偶尔抖落在茶丛中的民歌小调，催促着她绽开满身的平平仄仄。

茶在乡村埋伏，如同乡村一块生动的皮肉；茶在春天出没，激励出乡村深厚的关注。在南中国北中国，在清明与谷雨之间，茶的清香与碧绿，招展着最具东方色泽的引诱和问候。

三

饱食蓝天的叮嘱与大地的抚摩，现实主义的茶仿佛大片大片香甜的果实，从农家人骨肉丰满的手指上降落；咀嚼炒制过的热情与烘焙出的慵懒，浪漫主义的茶仿佛一匹一匹欢腾的小马，自由地奔向城市的高楼大厦。

粮食拼写着城市与乡村的血肉，茶叶涂抹着乡村与城市的笑脸。在一切酒水、饮料与咖啡侵占的地方，茶的荡漾依然无法抵挡。如同自身浸泡了几千年的故事与传说，茶的灵肉深处，总是透露着中华民族的清香。清香的韵味在全世界的唇齿与喉嗓中流连与流淌。

四

与茶为邻，我们熨贴在乡村的胸膛；与茶为饮，我们汲取着大自然的荣光。一切强壮的欲望和美妙的思想，其实都像茶在水中的沉浮，播动的是天与地的构想。面对天与地创造一切又包容一切的胸襟和气度，感受天与地养育出的茶的沉静与疏朗，饮茶的人，心情总是分外明亮。

与茶面对，我们收藏乡村的宁静，扫除红尘的慌张；与茶同眠，我们打开乡村的心扉，过滤灵魂的污垢。人类全部的追求与争斗，如同一杯或浓或淡的茶水，经历一些过程之后，最终都将回归宽厚的泥土。

泥土之上，茶的身姿攀登着挺拔的阳光，迎风招展。如同蒙太奇里的茶农，将小康社会的舞蹈，撒得遍地金黄。

程放萍

茶盏里的温情

喜欢喝茶，尤喜家乡的茶。

闲暇时泡上一杯，茶在杯中一叶一叶地润开，水雾弥漫，清香弥漫。蒸腾的水汽，仿佛老家晨雾中的烟雨。似还远远不够，细思，又着实难以比拟，“搜揽胸中万卷，还倾动、三峡词源”，没想到喝茶还能和古人相投机。再看，叶青水绿，若水洗翡翠，杯中已成绿莹莹的世界。叶片已舒展，嫩芽向上微张，枝梗立足杯底，似芭蕾舞里坡英特式的脚尖点地。此时已有香气缥缈，是轻纱薄雾里的幽兰，亦是悠远的芬芳。

这种香令人迷醉，仿若炒茶时母亲的体香。这记忆萦绕脑际，若云似羽，撩拨心扉。老家为海拔四百米的大别山区，出茶一般在谷雨前后，有雨前茶雨后茶之说。雨前茶清香、甘醇，是春风过雨，清满湖天。雨后茶香味浓郁，首泡轻苦微涩，再泡、多泡依然芳香浓郁，力度持久。记得那时我正值豆蔻年华，母亲三十才出头，是组里唯一的女党员，妇女队长。茶季就是村里女人们的主战场。出茶初期，上午采摘，下午炒制。盛期出芽快，白天采，晚上炒。采摘分工，安排锅灶，炒制的人工搭配，都是母亲的工作。被安排用灶台的人家，早早吃好饭收拾妥当，尤其要将锅灶簸篮一遍遍地洗刷擦洗干净，以备炒晾。手工炒制干茶，醇厚芬芳，有烟火气。更因有母亲的味道，是无数个花开花落、星月流转后，心心念念中忘不了的乡愁。

母亲总是把自己安排在工作最难最累的班组，比如杀青、揉茶、烘焙。作为小跟班，母亲到哪，我就在哪。起锅烧火，杀青，揉草，摊晾，翻炒，烘焙，一整套的程序，哪一步都不能少，都很重要。杀青时守在滚烫的铁锅边，在热浪蒸腾中不停将锅里的茶草翻动，使其受热均匀，杀去叶肉中的水分和青涩之气，让嫩茶脱水柔软，又不至焦煳。哔哔剥剥间，青涩之味遁逸，芳香之气四溢。

杀青后紧接着就按顺时针方向，在干净灶台上快速揉动，滚烫的茶草在手心里挤挤挨挨，推推搡搡，直至完全疲软。此时手心受热最厉害，手和茶接触面最大，按揉紧了手心太烫，松了又不到位。看似轻松，实则是炒茶工序中最苦的差事。手和灶台上都是绿莹莹的汁液，之后很长时间内饭菜都有余香。我对茶最美好的记忆正在此时。阳光绵软如絮，透过窗口斜照在母亲脸上，将发丝眼睑绣上金边。只是无意中抬头，便被这精美的轮廓惊呆了。白皙的皮肤，红晕的脸庞，美丽的大眼，还有两条垂过腰际漆黑的大辫子。热气熏蒸中，母亲抬起胳臂擦拭脸上的细汗。心为之一震，原来我的母亲如此美丽。从此，这一影像定格脑际，陪我走过人生几十年。

揉好的茶草体积浓缩了四分之三，得摊开放凉，凉透的茶草文火返锅，进行翻炒烘焙，这道工序耗时最长，要将茶叶中的水分全部去除，达到一捏即碎的程度。半寸长的茶草，完工后的干茶仅米粒般大小，灰黛色，俗称米茶。这是雨前茶，做工精细。

雨后茶，工序一样，但做工相对来说从摘到做都要粗糙不少，茶草枝条大，干茶颗粒也大。

雨前雨后干茶按规定绝大部分都是要上交供销社统购统销的。

再后来天热得就快了，茶草疯长，叶肉里的水分不再那么充盈，再炒焙就是细碎状的黄大茶。

黄大茶通常是分到各家各户自我享用的。每天早晨直接将一撮茶放入开水瓶中冲泡，泡出的茶汁色泽黄褐。各家各户待人接客的，都是一样香郁又特别解渴的一碗瓶泡茶，也就是记忆里萦绕的那碗黄大茶。

好茶还须好水。《红楼梦》中那些懂茶的人，烹茶用水就很讲究，被后人喻为大雅。妙玉招待黛玉、宝钗、宝玉，就是她五年前收集梅花雪化水烹的茶。饮茶这般讲究，可见古人对水的要求不一般。好水出好茶，我深以为然。记得工作初期，下乡到包点村，是家乡四方塔边一农户家。此塔始建于东晋咸和年间，有一千七百多年历史，毁毁建建，历尽沧桑。好在现已列入第七批全国重点文物保护单位。主人很好客，放下手中活计，立马洗碗，倒茶。茶色一般，就是开水瓶里的黄大茶。喝下第一口感觉普通，但稍后嘴里略略回味甘甜，忍不住再喝一口，更觉清爽宜人。我一气喝了两碗，同去的人分别都喝了两到三碗。一了解才知塔边有一小小泉眼，从不干涸，“泉眼无声惜细流，树阴照水爱晴柔”。不知是远古的气息，还是一方灵气，虽到过无数地方，品各方香茗，但皆没有塔边那碗茶水的味道。

随着对茶认知的提高，知道除了家乡的米茶之外，还有江苏的西湖龙井、碧螺春，安徽的黄山毛峰、六安瓜片、祁门红茶，福建的铁观音，云南的普洱等名茶。家乡也于一九八五至一九九〇年间相继试制开发获批国家地理标志保护产品称号的岳西翠兰、翠尖，二〇二〇年七月二十七日，岳西翠兰入选中欧地理标志第二批保护名单。茶开始产业化、机械化、名品化。家乡的茶叶已走向全国乃至全世界。我认知的边界逐渐扩大，除了绿茶、红茶外，白茶、黄金茶也早已进入市场，但是，无论茶的世界如何发展壮大，记忆的源头还是带着母亲味道的那一焙。

煮一壶好水，生一盏香茶；煮一盏茶香，生一世温情。走过很多地方，看过无数风景，山水开合间，豪情万丈。但老家的那盏清茶，是月光潋滟里，心中轻柔的水草，虔诚而悸动，洁净又温暖。

王云峰

茶　心

爱茶的人都有一颗懂茶的心。

在我很小的时候，父亲就开始做茶叶生意，春夏之交尤为繁忙。这时，家家户户茶园里的茶叶像发了疯似的，一个劲地猛长，累坏了农人，惹恼了孩子。一到这个时节，父母亲根本无心搭理我和妹妹，只顾着采茶、收茶。这并不能怪他们，农人们常说“人误地一时，地误人一年”，如此宝贵的时间谁也不愿耽误。渐渐地，到了茶季，我早已习惯父母亲忙碌的生活，一到放学就溜到茶园里和伙伴们捉蟋蟀，玩过家家，不会给大人们带来多少麻烦。

到了采茶时节，每家每户都会做些茶叶生意，将每天采回来的新叶制成干茶，第二天再拿到集市上去卖，这样做显然比起直接卖茶草来收益高得多。以前的茶都是清一色手工制茶，用炭火烘焙，不像现在是机械化生产。手工制出的茶喝起来分外清香，有提神醒脑的功效。闻着扑面而来的清香，有时实在忍不住也会拿出杯子泡上一点，淡淡的香味至今都令人回味。父亲在大多时候会制止我的行为，他说新茶喝多了容易上火，更甚者会流鼻血。当时以为这是吓唬小孩子的话语，毕竟是小孩子，经不住哄骗，如今想来，新茶喝多了真容易上火。

随着茶叶加工机器的引进，手工制茶的市场逐渐萎缩，农户都不愿再手工制茶，而是直接将新叶交到茶叶贩子手中，既实惠也方便。父母亲手工制茶的技艺也随之搁浅，偶尔做点销售干茶的生意，一个季节下来也能赚得一点闲资。父亲爱茶的那颗心依然没变，他清楚机械化生产的茶叶同手工制的茶有很大区别，尽管茶形美观，茶性却不足。偶尔闲暇的时刻，他还是会手工制点茶，备着亲朋好友来时品饮。

去年，父亲生病，在病中他依然牵挂着生意上的事。有一次，他告诉我，不管怎样还是想把手工制茶的技艺捡起来，荒废了怪可惜，只要留得住就不能让它消失。我明白他心中的想法。这些年，尽管机械化生产早已取代了手工制茶，人们却依然偏爱手工制茶。他心中有一种难舍的情结，深深地爱着茶，对手工茶有着说不出的一种情感。我告诉他，等他身体恢复差不多就注册个茶叶商标，小本经营手工制茶也不错，不为赚钱，只为爱茶的那颗心就好。他淡淡一笑，好像我们父子间多了些许的默契。

深受父亲影响，我逐渐喜欢上了品茶，以前只有喝开水的习惯，现在在闲暇之余会泡上一杯茶，捧着一本书，悠然坐在太阳下独自品酌。我知道，我爱的不只是茶叶那种独一无二的香味，还有父亲爱茶的那颗心……

程乔霞

女儿茶

打我记事起，就发现母亲喜欢种茶、采茶、做茶，地坝、边角地、高山地块，都被母亲种上茶叶。采茶季，稍有闲暇就被母亲赶去采茶，一句“快手赶不上帮手”的口头禅，激励我们撸起袖子加油干。

母亲一生只做手工茶，春茶揉搓成炒青（绿茶，细茶，也叫松罗），早夏茶制作大花茶。母亲做的茶叶不卖钱，除了家里喝，就用洋铁桶存储起来，有多少存多少。这是她认为最拿得出手的回娘家的礼物。

母亲命运多舛，幼年遇上饥荒，跟随逃荒的大军从大城市来到大别山的岳西，与父亲相识的时候才十三岁。母亲乖巧懂事，而且手脚麻利，爹爹就将母亲收留在家做童养媳。成年后，母亲与父亲结了婚，正式落户穷山沟。从此，在大山里生子、生活。

二十世纪七十年代末，我七岁，哥哥十一岁，妹妹不满三岁，母亲拖着我们兄妹仨搭乘客车，沿着盘山公路走出大山，去到遥远的外婆家。外婆家在合肥，父亲很少和我们一起回去，按照他的话说，他从没感受到做女婿的待遇。母亲也不在乎，仍拖着我们跑。从家到合肥坐车要十个多小时，在岳西县城住一晚，第二天天擦黑才能到目的地。山路十八弯，晕车、呕吐，一路上苦不堪言。

出发前，母亲都会精心准备。计算好送礼的人家，把搜集来的报纸按照数量在桌子上依次排开，报纸上再放一层黄表纸（那时候没有塑料袋，黄表纸吸潮）。随后，母亲抱出铁皮桶，将铁灰色的炒青小心翼翼地倒在黄表纸上，然后像包黄烟一样一层层包好。一切安排妥当后，拿出一个大布包将所有的茶叶包起来，方便拎走。

到了目的地，母亲一家一家送上礼品，重复着一句话：“这是我们山里的茶叶，多喝茶对身体好，干活有力气。”见城里人稀罕，母亲脸上也有了荣光。

路途遥远，交通不便，加之家庭不富裕，母亲回娘家的次数并不多，尽管如此，对茶叶的情有独钟、每年储藏茶叶的习惯，一直没有改变。

母亲制茶，依旧沿袭老传统。摊晾，杀青，揉搓，烘焙，亲力亲为。炒青俗称细茶，揉搓后的茶叶要继续回到铁锅，慢火反复翻炒，炒好一锅茶有时要忙到深夜。灶上灶下，母亲忙得像陀螺，我帮不上忙，只得站在灶台后边摇着蒲扇，为辛苦的母亲送去清凉。

细茶在母亲眼里还有药用价值。父亲偶有伤寒或者感冒，母亲都会沏上一壶细茶，茶里放足冰糖，一天喝上两壶，父亲的不适就会烟消云散。孩子们厌食，母亲如法炮制，连喝几次甜甜涩涩的细茶，很快就胃口大开。家里人有个头疼脑热，母亲都会在茶里找到药方，不用打针吃药都能茶到病除。

随着岳西茶业高质量发展，岳西翠兰横空出世，品牌价值节节攀升。茶叶制作从纯手工逐渐过渡到机械化，炒青不再是茶叶的首席。谷雨尖、雨前翠等岳西翠兰茶在茶型、汤色、口味等方面均占领了岳西茶的高端市场。母亲一时也忙着调转船头，尝试改变制作技艺。谁知，老品种的茶园出茶慢，做翠兰的茶芽头要小，采摘很难上手。第一次尝试仅做了几两，献宝似的送给我，我尝过后说，不如以前做的炒青。母亲没有失望，取而代之的是如释重负："嗨，我说呢，老本行，老手艺，老牌子的茶叶我摘得欢畅，做得顺手，泡得有味。我决定了，不管别人怎么变，我不变，一生就做细茶得了。"母亲的茶园一年也就采两三次，茶苗肥壮时开始采，立夏前结束。制作的细茶也是我家的开园茶，干茶如糯米，复活如雀舌，汤色青翠鲜亮，入口微涩回甘。有客人来，母亲拿出洁白的瓷茶杯，抓一小撮细茶，用沸腾的山泉水冲泡，盖上杯盖，双手捧到客人面前。做茶人的礼节，在这一冲一盖一捧的仪式上表现得淋漓尽致。

到了我们这一辈，外来女、远嫁女越来越多，岳西茶永远是大山女人最有面子的礼物。手工炒青是母亲那一代人的匠心，岳西翠兰是新时代的创新。不管是哪种茶，带在身边的是乡愁，送出去的是山里人的热情和市场的前景。

程琼莲

闲饮茶

母亲托人带来一包茶叶，普通炒青，用一张白纸极慎重地包好。

选一只玻璃杯，用滚沸的开水冲泡。茶叶在沸水里翻腾，颜色从深黛渐变为青绿，杯底葳蕤一片，简直像一丛浓缩的森林，或者微型的故乡山水。迫不及待饮一口，微苦中带着清甘，是熟悉的故乡茶叶的味道。舒服地叹口气，仰头靠在木椅上，让脑袋那么空着，让口腔被草木气息填满，让时间从我翕动的睫毛溜过。有那么一刹那，我决意不再穷究思想的本源与走向，人世的纷扰与无常，而时间，就让它一去不回头吧。只有茶，才能让我有如此短暂的超脱。更多时候，我背负着一些该背负的与不该背负的，活得辛苦而疲惫。

俗人如我喝茶玩不来花架子，也就是取普通玻璃杯冲泡而已。某次写征文获奖得过一只紫砂杯，据称价值人民币五百元，最终还是被我束之高阁，喝茶依然用那只旧玻璃杯。我经常被习惯牵着鼻子走，不知所以。然而人虽俗，喝茶到底风雅，单看那满满的一杯绿就心情大好，至于接下来的品茶，更是一种接近洗濯肉身的神圣事件。我们的肉身，在这个喧闹的人世奔走，以血肉之躯抵挡一路风尘，还要抵抗来自内部精神的诸多困扰，内忧外患之中，急火攻心、精疲力竭、气急败坏，所有狼狈的词语都可以用上。清风月朗、超拔出尘的时候不是没有，只是偶尔一瞬间罢了。于是我们需要一杯茶，来化解浊气、平衡内心。

饮茶之道，我说不好。陆羽《茶经》堪称茶之百科全书，至于后世有关茶的文章典籍几可车载斗量，我大可不必画蛇添足。只是因家乡产茶，茶之于我便如吃饭穿衣，是再自然不过的事。

岳西茶叶里名头最响的是岳西翠兰，属国宾礼茶。但我看翠兰仍如邻家小妹，秀色可人却无骄矜之色。茶汤浅碧、叶片如兰，翠兰的美有空灵之感，余香袅袅几可绕梁三日。炒青则味醇色浓，叶片厚实，最是提神解渴。翠兰与炒青，阳春白雪与下里巴人，差距不但表现在价格与茶味，似乎已然趋向于一种精神上的审美，代表着两种对立的价值观。从这个意义上来说，茶如人生我看也妥。工夫茶我这里就不饶舌，因为对此我总有一层隔膜，不如家常茶来得亲切。记忆中乡下人是不舍得一杯一杯泡茶喝的，不过是抓一把老茶叶，放入家中唯一的白底蓝花陶瓷茶壶中，注满沸水，就是一壶解渴的老黄茶。白底蓝花的茶壶早已不知去向，如同许许多多的旧物，比炒青更低等级的老黄茶的滋味，倒是深刻。一个喝着老黄茶长大的人，简直只能算牛饮，大约要归于刘姥姥之流了。《红楼梦》第四十一回中，妙玉因黛玉问：“这也是旧年的雨水？”便冷笑道：“你这么个人，竟是大俗人，连水也尝不出来。这是五年前我在玄墓蟠香寺住着，收的梅花上的雪，共得了那一鬼脸青的花瓮一瓮，总舍不得吃，埋在地下，今年夏天才开了。我只吃过一回，这是第二回了。你怎么尝不出来？隔年蠲的雨水那有这样轻浮？如何吃得。”妙玉精雕细琢的茶饮功夫让人咋舌，只是在喝多了老黄茶的鄙人看来真是有些不值当，若真要那般讲究起来，短暂人生也不过扫一瓮雪品几杯茶的功夫，岂不冤枉哉！

周作人先生说，“喝茶当于瓦屋纸窗之下”，我很认同。瓦屋纸窗，黑白线条，有一种简洁素净之美，单是想想就觉得雅致，再有几个着布袍的鸿儒雅士，闲饮清谈，人生清欢莫过于此。若是那瓦屋顶上再来一阵时紧时慢的雨声更好，如春蚕噬叶窸窸窣窣，绵绵不绝，如同时间，在一段缓慢的光阴里留下的痕迹。

乡下老家的老屋目前还在，在这个拆旧建新的时代洪流中算一大幸事了。然而，前一段时间哥哥们商量说，回头要将老屋拆掉建楼房，我第一个表示反对。至于反对的理由，我支支吾吾说不出来。难不成要说留下这瓦屋木窗的老屋喝茶听雨？我哪有这样的勇气，这样想着，还是在纸上做做旧梦吧。

茶是我自小就熟悉的一种植物。我也采过茶。在我的故乡，当一场春雨浇绿原野，茶树墨绿的老枝上开始绽出嫩绿的叶芽。一开始茶芽呈鹅黄色，那样娇嫩的颜色仿佛把春天所有的亮度都吸附过来，闪着珠贝的光泽，似乎还有一滴露珠在上面滚动。那茶芽状如兰花，如雀舌，如齐齐伸出的柔嫩指尖，怯生生在风里摇曳。女人们被这样的指尖撩拨着，在家坐不住了。带只小板凳，拎个小篾篮，头上戴顶遮阳帽，要不干脆搭块花毛巾，散坐在茶树下，手指在枝叶间穿梭忙碌，嘴上还不忘唠嗑。谁家娶媳妇了，谁家添孙子了，不经意间，从她们口里描绘出一部村庄史。茶树旁，十指翻飞的女人们，手指被茶汁染绿，那样的绿如同长进了皮肤与血肉，就像一段蛮不讲理的爱情，一直要等到茶叶被采摘殆尽才慢慢消退。

母亲在一盏孤灯下烘焙茶叶，这样的场景我很熟悉，只是如今少了在锅台上炒茶的父亲，母亲得单独做茶，而我仿佛也品出了今年茶较之往年茶的不同滋味。

喝一口手中的茶，清香中带着微微苦涩，仿佛我们的人生。

陈小娟

坐饮香茶爱此山

“野泉烟火白云间，坐饮香茶爱此山。岩下维舟不忍去，青溪流水暮潺潺。”这首唐代诗人灵一的诗作《与元居士青山潭饮茶》用来形容家乡岳西最为确切。她地处大别山腹地，皖西南边陲，是休闲度假胜地、国家级生态县。境内长江淮河两大流域的分水岭横贯东西，是古代吴楚相连之地。县内生物物种资源繁多，是安徽省重要的“生物种基因库”，被专家誉为“生态保存发育完好的天然大花园”。

岳西这片红色的土地，峰峦竞秀，古树沧桑，山清水秀。境内有明堂山、妙道山、司空山和天仙河，被称为“三山一水”；还有绿色氧吧枯井园，“中华一绝”千年紫柳园（即高山湿地上生长着千余株千年紫柳），安徽第一漂天仙河（菖蒲镇），禅宗第一山司空山（店前镇），华东第一塔千佛塔（响肠镇）等旅游胜地。这里每一块土壤，每一个角落都是我魂牵梦萦的地方。

生为岳西人，“岳西翠兰”“岳西翠尖”让我倍感自豪。此茶外形芽叶相连，舒展成朵，色泽翠绿，形似兰花，香气清高持久，汤色浅绿明亮，滋味醇浓鲜爽。因茶树一般生长在海拔500米以上的坡地幽谷之中，茶园生态环境得天独厚，周围山峦起伏，云雾弥漫，泉水长流，气候温和，日照短，昼夜温差大，产出的茶叶芽叶肥壮，幽香四溢，鲜嫩碧绿，形成了名优茶的优异品质。这种茶取名“岳西翠兰”，其主要原因是茶叶色泽翠绿，形似大别山里的兰花，产地属于岳西。

岳西历史上就有名茶“小兰花”，它是在传统工艺基础上研制开发而成的，“翠绿又鲜活”的品质特征突出，长在漫山遍野的兰草花旁边，特别引人注目。

相传明崇祯九年（1636）张献忠率部攻占岳西后，因为大别山里兰花特别多，将这里命名为“兰花县”。明前茶采摘的时节，正是兰花开放的时候，茶叶自然而然就浸润了兰花的芳香。

相传明末清初，在岳西姚河乡境内，有一个叫兰花的姑娘，美丽贤淑、心灵手巧，所炒的茶叶质量特别好。一年，有位徽州茶商慕名携巨资来到这里，高价专购兰花炒制的茶叶。由于家贫，懂事的兰花姑娘，为了给家里多挣钱，就不分昼夜拼命采呀、炒呀，结果积劳成疾，英年早逝。当地人为了纪念兰花姑娘，就将她炒制的茶叶叫作“兰花茶”。兰花茶就是今天的岳西翠兰的前身。

1984年，岳西县创制的新茶在安庆地区名茶评比中崭露头角，名列第一。1985年有人提议，将这种“色翠兰香”的茶叶叫作“岳西翠兰”，得到了广泛认可。现如今经专家鉴定，岳西地貌以中低山为主体，境内千米以上高峰236座，森林覆盖率72%，为鄂、豫、皖大别山区唯一纯山区县。这里气候温凉，光照充足，雨量充沛，年均降水1425毫米，日照率47%，年≥10℃的有效积温4477.7℃，空气相对湿度77%。土壤呈弱酸性反应，深厚肥沃，有机质含量高。空气清新，水质洁净，非常适合名优茶生产。唐代陆羽《茶经》里，岳西为寿州和舒州茶区；宋代以后，这里就是大别山御用贡茶核心产地。“香茶”有此山此水，魅力才如此永存。

岳西翠兰1985年被国家农牧渔业部评为全国名茶，并在1991年获“七五”全国星火计划银质奖，1996年获农博会金奖。经茶叶技术人员不断研制创新，现已形成多档次、多种类、多风格、多价位的岳西翠兰系列产品，主要有：岳西翠芽、岳西翠尖、岳西翠兰、岳西兰花、岳西绿月、川岭香、岳西炒青、岳西黄茶等。用于制作岳西翠兰系列产品名茶的茶树品种有地方群体种，有石佛翠、石佛香、901、舒茶早、乌牛早、龙井43、浙农139等无性系良种。

正所谓“高山雾浓出好茶”，山间早晚云雾笼罩，茶树生长缓慢，使得茶叶芽叶柔软、叶肉厚实、果胶质含量丰富。由于平均日照短，叶片中叶绿素含量随之增高，茶叶更加鲜嫩翠绿，并覆盖有丰富的白毫。有限的日照导致茶树芽叶中所含儿茶素类等苦涩成分降低，茶汤更加柔和醇厚、回甘明显。茶叶多种植在茂密的林木旁，依靠林木形成的天然屏障避风，同时也隔绝了污染，为茶叶的生长提供了天然氧吧。树木落叶和动物粪便给茶树提供了天然的养分，高寒地区气温低，极少有病虫害。没有化肥农药的污染，成就了绿色天然的有机茶叶。

岳西县平均海拔500米以上，属高寒山区，是周边乡镇中平均海拔最高的，得天独厚的地理环境为茶叶提供了诸多天然优势。国内知名专业人士来到岳西，对岳西优越的生态环境和岳西翠兰茶优异的品质，给予了高度评价。

岳西茶叶具有生津止渴、提神醒脑、明目清热、利尿解毒之功效。经开水冲泡后，嫩香持久，滋味醇浓鲜爽，汤色浅绿明亮，沁人心脾。清明时节，茶树和大自然一同苏醒。“明前茶，贵如金”，在开春时节，泡一壶岳西翠兰，慵懒地待在茶香溢满的屋子里，这大概是茶客最大的享受了。

“兰花飘香白云间，坐饮香茶爱此山。仙河维舟迎宾至，青溪流水暮潺潺。”姑且乱改名诗，以示我心。山里淳朴的人们时刻在等待你的到来！我们都会敬你一杯香茶——岳西翠兰。

杜龙霞

山水映绿月

天上毛毛月，人间细细茶。在毫无工业污染的纯山区县岳西，茶叶的种植和生产，早已是村民们维持生计的经济来源之一。在改革开放以来的几十年中，不甘贫困的岳西茶农，在党和政府的关心和扶持下，突破传统的手工制作方法，引入了自动化的制作工艺，使茶叶产量大增，茶叶品类增多，翠兰名茶、弦月绿茶、发酵红茶、黄金茶等品种纷纷走向市场。茶叶品牌的创立也如雨后春笋破土而出，包家乡石佛寺的“石佛翠”以其山高岭大、茶味香浓而备受青睐；田头乡的“闵山贡”绿茶历来是进贡的上品；古坊乡的“长岭兰芽”芽如雀舌，形味俱佳；姚河乡的“香炉春”被定为国宾礼茶。菖蒲镇港河村的“绿月”茶 2004 在海峡两岸优质农产品贸洽会暨中国茶叶博览会上荣获“金奖茶王”，连续多年，在省内外累获殊荣，成为名副其实的“安徽市场畅销品牌”，是岳西茶叶品牌中的一枝独秀。

在“绿月”牌茶叶的出产地菖蒲镇港河村，一垄垄的茶叶地就着山势，盘卧在山腰，如同一条条绿色的腰带，携着乳白色的云雾，在秀水灵山间勾勒出一幅灵动的画卷。灵山秀水间，一片片的茶园点缀在山间，采茶女的茶篓在茶园里移动，如同五线谱上的音符，跃动着脱贫增收的音节。荡漾的茶歌，与松涛水流组成了一曲奇妙的交响曲。从茶苗到茶树，从茶树到成品茶叶，都是在这幅华美的山水画中完成一系列工序的。在林间，雾气蒸腾出充满芬芳的泥土香气，茶树舒展着翠绿的枝叶，宛如一弯新月，散发出绿色的光泽。居住在美丽的天仙河畔、港河村的村民宋恩全就是在家乡美好的环境中得到灵感，带动一众村民，劈山造园，创立“绿月”这一茶叶品牌的。如果山有记忆，水有痕迹，那么“绿月”的从无到有，从小到大，则充满了艰辛与传奇。

一条大河在山间蜿蜒而来，河两岸是星罗棋布的村民住户。祖祖辈辈生活在这里的村民，过着日出而作、日落而息的生活。单调而又贫穷是这里村民生活的主旋律。时任村支部书记的宋恩全，看在眼里，急在心头。守着青山绿水，却过着收入低微的生活，怎么办呢？如何利用山里的优势带动村民增收？宋恩全经过市场考察，下定决心在家乡办茶厂。他一边带领村民种植茶树，一边在茶叶生产加工上摸索，同时，创立自家的品牌，把品牌推向岳西、推向山外广阔的市场。为了让这里的茶有滋有味，宋恩全要求茶农精心伺候茶树，做到不施化肥，不打农药，不洒除草剂，一律施用农家肥，做到无农药残留，无化学物质成分，保证了茶叶的天然品质。这却增加了劳动力成本，村民们挑土粪上山，埋青草入地都需要投入大量的劳力，但这一切都值得。没有汗水勤浇灌，哪得春茶吐清香？村民种茶积极性提高了，茶叶产量增加了，茶叶制作的压力就显现了出来。宋恩全适时引入了先进的茶叶机械进行生产，他先后投入资金购买了生产岳西翠兰和弦月的机械，并根据茶叶生产的特点改进了部分工序流程，不仅使茶产量得到明显提高，还使茶叶的形貌、香气和口味都提升到一个新的水平，做出了形态优美、气味芬芳、口味醇和的茶叶。

虽然山村有美景，茶叶很可人，但毕竟山太深、路太远，生产出的茶叶再好，也难以吸引更多的山外顾客来港河购买茶叶。要想让茶叶走出山门，还需要有更多的营销手段和策略。哪些策略能把山里的好茶卖向县城和省城乃至全国呢？宋恩全开动脑筋进入了深深的思考。

要想取得成功，必须师出有名。2003 年，宋恩全开始注册“绿月”茶叶品牌商标，随后，成立了绿月茶业有限公司，把公司打造成岳西县最大的集茶叶种植、生产、加工、销售于一体的农业产业化龙头企业。近年来，绿月牌岳西翠兰茶叶已占岳西翠兰茶叶全年产销量的10% 以上，对“岳西翠兰”地理标志证明商标的品牌传播起到了领军带头的作用。为了让自家的优质茶产品走向更广阔的市场，公司在部分城市建立商超网点，与直营店、加盟店合作经营，开通天猫商城、淘宝、阿里巴巴、拼多多、苏宁易购、国美、邮乐农品等网上店铺，从网络平台购买茶叶的客户遍布长城内外、大江南北。

“山水映绿月，香茗品翠兰。”这是“绿月”牌茶产品的广告词，既有浓郁的诗意，也是对“绿月”牌茶叶言简意赅的诠释。在多次代表岳西县参加全国及国际农业交流活动中，“绿月”带去的，不仅是如诗如画的山水意境，更是山里人奋发作为、勇于奉献的精神。

方丽清

绿无尽

七月里，万物疯长，无尽地绿，石佛寺便沉浸在这绿意里。

石佛寺位于岳西县城西北 60 公里的包家乡石佛村，因茶园内有一石佛古寺而得名。包家乡境内有地处皖鄂两省三县（岳西、霍山、英山）结合部的鹞落坪国家级自然保护区，是清凉之所。

石佛寺的炒青在岳西本土是很有些口碑的。喝石佛寺茶久矣，却是第一次来石佛寺。我们到石佛寺是避暑，也是寻茶。

皖西南的山里，几乎家家住宅旁都有茶园，家家都在茶丛中。远远望去，丛丛浓绿中，透露出片片红墙白墙，村村有别却相似。茶在我们这里，是家家都熟识的。但是海拔和气候的差别，决定了茶叶的味道自不相同。

石佛寺在海拔一千米的山里。极有趣的是，人在车里，能随着路程的行进，明显感受到山里的气温随海拔高低而变化着。

包家这么凉快。当我这样想的时候，车子已到十里画廊，离石佛寺尚有二十里地，我们靠边暂停。下得车来，夏日炎炎，路边是青山，远处是青山，视野所及皆是青色，夏木阴阴里蝉声一片。虽然阳光灿烂，空气却非常凉爽，站在路边，如在水畔，微风过处，清爽洁净里隐隐有水汽，水从林中来。石佛寺的茶是有福的，我这样想着。

我们到的时候，正是黄昏。

说是已经到了，山居在望，车子却还未停，山谷开始变得更为陡峭，一人宽的车道逼仄，伴着山，沿着河，往上往上，直爬到云生处。外面已是盛夏，这里似乎还留在春末夏初。满目的绿色做底，那绿色是一层一层一环一环的茶树，无数修剪得圆圆的球形树冠，毛茸茸的，顺着山势，从山脚爬到山腰，又跳过房子，几乎要爬到山顶了。友人说，那山就是三门山。整个茶园往上铺陈，仿佛一面展开的巨大扇页，以入山口为柄，以茶为扇，以山为褶，扇上有茶园万顷，有炊烟点点。

夏季的茶园比起春日采茶季，更多了一些休闲避暑的氛围。体验山水的年轻人、探访故乡味的中年人、慕名而来的爱茶人，都能找到各自的乐趣。车子是可以直开到民宿门口的，但我们忍不住先下了车。相对于后山，前山是标准化茶园。茶园中有步道小径，无边的茶棵，高与腰齐，我们陷在绿里。晚风已经起来了，裹着我们。路边明黄色的黄花菜，红色的木槿，白瓣黄蕊的一年蒿，高过人头的粉白飞猪草，茶棵间的苍然古松，几个小姑娘在茶树间一跳一跳地走着，身影隐约，红裙白裙……古茶园里，山峦起伏，薄雾渐起，绿色生烟，那种超尘绝俗的宁静也悄悄在周围降临。

到了石佛寺是要看神茶的。神茶就在后山上，顺着一条窄径笔直往上。后山茶园依山就势，山体倾斜度更高了，茶棵里间杂着许多硕大的青石，或倚或立，或方正或奇崛，似乎是和茶树一起从山体里长出来的，让茶山有了莽莽之气。友人说，后山茶园是最早的古茶园。古茶园、石佛古寺，应该曾有着灰衣的僧人坐在檐下泡茶饮茶，而雨正慢慢地下着。此时手中若有一杯茶，可和古人遥遥示意同饮。顺着茶园往上，三天门远远在望，正是薄暮时分，夕阳挂在三山门的顶上，将所有的光线和瑰丽的晚霞都给了山峦，粲然又温柔。在这样的情境里，你会很自然地想起那些关于三山门的传说，关于追兵，关于神仙，关于神茶，关于石佛，关于古寺。“三天门下一棵茶，仙人能看不能拿。若人尝饮香茶味，千里迢迢不想家。”传说，石佛寺的这半棵神茶就长在三天门的石缝里。夏季是茶树休养生息的时候，暮霭里，几个茶农分散在园子里施肥。茶树下堆着一团团刚上的菜籽饼肥，以青草、树叶、有益菌综合发酵而成，浓郁的气息与一山的茶香、草香混合在一起。

神茶在一块石碑后面，不特别说明的话，看起来和别处茶树并无两样，虽经百年，而无沧桑。碑文载：“神茶半棵，世上无多；一株两品，奇特匪夷……”它的神奇之处在于：同一株茶竟然生长着品性截然不同的两半，一半与周边茶树无异，每年农历三月初即可采摘，滋味平常；另一半却是在每年端午节前后才发新苗，芽叶更为尖细，据传香气浓郁，因此称为“半棵”。我摘了一片叶子放在嘴里细细咀嚼，青涩弥漫，茶香生津。无由让人想起红楼梦中的那句话：“西方灵河岸上三生石畔，有绛珠草一株，时有赤瑕宫神瑛侍者，日以甘露灌溉……”这时，一声鸟鸣拖着长长的尾音划过黄昏的天空。

晚饭在一农家，饭桌就在堂轩，晚风鼓荡吹过。堂轩大门洞开，正对着晒场，晒场前是茶园，茶园边是溪水，溪水边是青山，翠屏一样的青山。正吃着，突然地，雨就落下来了。噼里啪啦的急雨，从山顶下过来，又落在门前的茶树上，打在身边的晒场上。只一会儿，茶园里升腾起许多雾气，山也模糊了，满园满山的雨声。一桌人都放下筷子，望出去。我们从来没有和急雨以及雨中的茶园这样接近过，一时彼此望着，不知说什么好。

我们坐在堂轩慢慢吃，一直吃到十点多。

村子里偶尔会响起狗叫声。

月亮透过云层，慢慢地移出来。溪水声更透亮了。

这里是淮河之源——淠河的源头。当许多城市人喝着一杯绿茶的时候，大概想不到，在石佛寺这样一个深山湾里，一片绿茶有着怎样的前世今生吧。

“桥边有树，树欲高。树阴有草，草欲青。草上有渠，渠欲细。渠引有泉，泉欲瀑……客至有酒，酒欲不却。酒行有醉，醉欲不归。”此为歙县前贤程羽文所绘白云仙乡是也。我亦学舌：“山里有径，径欲曲。山畔有松，松欲古。松畔有茶，茶欲翠。”

坐在回廊椅上，四围山色，一溪水声，两袖生风。鲁迅先生说：“有好茶喝，会喝好茶，是一种‘清福’。”此时，捧一杯刚沏的石佛寺茶，我觉得自己是有福的。世界仿佛是新生，又仿佛已是千年。坐久了，便觉得沉下去，沉下去，一如那千年的绿梦。

方诗生

茶乡姚河故事多

这里的山苍翠欲滴，这里的河清澈明亮。

茶是山的衣裳，云是茶的披风，水是山的精灵。一亩山茶一首歌，一个名字一世情。在岳西北部山区，一个叫姚河的乡镇就镶嵌在这青山秀水之间。世世代代姚河人不断演绎着茶与人的故事，在风光旖旎的山水之间生生不息。

一

竹山茶园就沉淀着许多鲜为人知的故事。

这片神秘的茶园在大山之中隐藏了数百年，当地人只听说姚河有一片古茶园，但迟迟找不到地方。十年前，县内茶叶专家钱子华等人惊喜地发现这里的古茶树时，甚至不敢确定古茶树的树龄。当著名的茶叶专家詹罗久在现场认定：这片茶园的确有 500 年左右历史时，在场的所有人无不感到震惊！人们难以相信，这些低矮粗壮的古茶树，竟然是省内稀有的一片古茶园。它不仅印证了唐代陆羽在《茶经》里记载的古舒州、寿州一带盛产小兰花茶的史实，也佐证了姚河自唐朝开始就有种茶、制茶的历史。专家们对这108棵古茶树进行了仔细辨认、研究，边看边啧啧称奇。这些饱经风霜的茶树，依然生长着一片片嫩叶，显示着顽强的生命力！

然而，一棵古老的茶树定有一个不同的经历。这些古茶树究竟何时所栽？何人所栽？它们为何只有几十厘米高？是刻意修剪，还是为了方便采摘？这是古人留给后人的谜。

当代姚河人仍然传承着祖先的种茶习惯，在一片片山坡上、田地间栽种茶树。这个乡现在有一万二千亩茶园，出产的翠兰、翠尖、小兰花不仅在国人齿间留香，并且漂洋过海去到世界各地。

二

“在岭开花先蘸雨露，依岩作室不碍云山”，这是清代乾隆年间江苏海州知府钟成露送给姚河茶商朱鸣太的一副楹联，同时，他还手书“积学法行”赠予朱鸣太。有一年，朱鸣太千里迢迢将姚河茶叶贩运至江苏海州后，半个多月结不到茶叶款。无奈，只好去找当时任知府的族胞钟成露（孙、朱、钟、杨四姓为一族），钟成露想办法让朱鸣太如数收到了茶叶款。从此，俩人结下了茶缘。朱鸣太家建房时，钟成露亲自送上木雕匾和楹联。现在，朱鸣太的后人朱少三仍保留着当年的那块牌匾。朱少三不仅自己一生爱茶做茶，他的晚辈们有不少依然传承着祖辈的制茶工艺，让姚河茶叶成为人们钟爱的品牌。

刘会根是姚河众多制茶人的代表。这是一个年过半百的山里汉子，有着山里人的纯朴和执着。他从20世纪80年代初开始参与岳西翠兰的创制和命名，用那一双布满老茧的双手，在滚烫的铁锅里，一年又一年，将一片片鲜叶赋予灵魂，使其展示出迷人的身姿。他制作的茶叶，多次在茶叶制作比赛中夺得金奖，为岳西赢得了荣誉。如今，刘会根不仅是翠兰手工技艺的传承人、岳西工匠，还是竹山茶园的“守护神”。他将108棵古茶树一一编号、记录，让古茶树不断焕发生机。

在姚河这片77平方公里的土地上，像朱少三、刘会根这样的制茶高手还有很多，已登记注册的茶企业就有30多家。竹山、良奇、香炉冲、徽奇、梯岭等一个个响亮的茶叶品牌，在各类茶博会上、茶叶市场上精彩亮相。

姚河的茶是中国十大新茶的代表，更是岳西翠兰的主产地。姚河乡凭借岳西翠兰被农业部列入“第四批全国‘一村一品’示范乡”。姚河人以茶撬动发展板栗、蔬菜等多种产业。姚河乡已成为一片希望的田野。

三

“雅阁闲来独爱清，林泉泡出几多情。人生恰似茶中味，苦涩香甘品自明。”在姚河，随意走进一间农家小院，主人都会端出一杯用山泉水泡出的香茗，热情地邀你坐下来，说一段与茶有关的历史、故事，让你细细品味茶中滋味，茶中人生。

姚河的漫山遍野都是茶，姚河的街道上、村庄里、小院内飘出的都是茶香。

茶是姚河不老的主题，茶是人生最好的伴侣。泡上一杯茶，你可以悠然自得地坐在孙氏宗祠里，欣赏一曲岳西高腔《采茶记》，看采茶姑娘的精彩表演；也可以在这座建于清代乾隆年间的古建筑里，听当地人说一说孙膑和孙武与这座祠堂的渊源。你会为祠堂内精美的木雕、砖雕、石雕所折服。那石鼓、拴马桩、峰火墙的传说，至今让人心情澎湃。踱步在孙氏宗祠的花戏楼上，还可以看见板壁上记载着从乾隆年间起，在这里演出的名曲、名剧、名人，那古老的腔调似乎仍在耳旁回响。如你有幸，还可以在这里欣赏到久违的皮影戏、木偶戏。若再有缘，还可以欣赏到《春富贵》

那欢快、铿锵的锣鼓声，这是姚河土地上独有的非物质文化遗产。

“茶里乾坤大，壶中日月长。”姚河不仅有传统的茶文化，还有现代的茶艺表演。二胡、琵琶和古筝演奏是几家茶庄里的保留节目，为茶文化注入了新的内涵。

如今，姚河乡以茶为媒，举办茶文化节，建设茶文化街，打造茶文化特色乡镇。

抿一口香茶，吃上一顿农家美食，听一曲乡音，看一眼小桥流水、亭台楼阁，在姚河的山水间徜徉，那日子，便多了一份惬意。

冯润青

拈一片茶

三月间的清晨，还有点寒冷。早起，是因为送某君去车站搭乘早班车。每日里，所走的路线单调划一，匆忙赶时间，无暇顾及路边的景事。因此，当我踏在小城另一条街道，清晨的薄雾中，许多人已在忙碌穿梭，心头的惊讶自是不可言。一片繁忙热闹中，或背着或担着的透明塑料袋中可见青青绿绿，无不散发着清淡淡的香。原来，是早茶上市了呀。

春天仿佛在这个早晨突然降临。天高远起来，心活络起来。茶香中，欢愉爬上麻木的神经。人影憧憧，带来久远的思绪。

我的家在高山上，每年的茶事总是比其他地方要迟一步。但迟到的春天并不会影响人们热望丰收以及事物行进的步骤。茶叶开采的季节，母亲总会带着我们，提着小篮子，到自家的茶地里采摘新茶。那如蝶如兰的新芽，嫩绿，芽尖上蒙着淡淡的绒毛，只消轻轻地一掐，就叶杆分离。

于是，如捧珍珠玛瑙，掌心里立即有了清凉如酥的感觉。端于鼻尖，轻嗅，如兰的清香令心胸疏朗，仿佛飘于云端，又仿佛沐浴后清明纯澈。

母亲甩开双手在茶棵上飞舞，神态安详，目光专注。阳光淡淡地洒在身边的树木植被上，远山在薄雾中朦胧婉约。母亲篮子里的茶叶如雪舞，层层叠叠，很快就漫了底，又很快及了小蛮腰，又很快，半篮，一篮。其实，清明谷雨的茶并不好采摘，芽叶小，老叶多，累积的速度远没有我想象与形容中的快。只是，在我们孩子眼里，母亲仿佛神明。

我们孩子采摘的茶叶由自己另行保管，那些小收获，拿到收茶人的面前，总能换得大大小小的毛票。然后自由支配那些花花绿绿的票子，三五颗糖果，一块心仪的花手帕，几本带彩图的本子，总之，所有的梦想都能在那一季得以实现。那份笃定的殷实感，会将一个孩子的心填得满满的。如果愿望宏大了些，那么，采摘茶叶就得加些勤奋与努力。起早摸黑，历来就不是大人的专利。有时自家的茶叶地里没茶叶可摘，不妨悄悄潜入别人家茶地。看，那家人大约忙于他事，没空采茶，地里的茶草长得又油又壮，早等不及了，伸出小手就拽将起来。

作为学生，最重要的任务是学习，可由不得性子把时间都荒废在茶地里。想采茶怎么办？放学的时候，赶紧拉上要好的朋友，奔向茶山。村子里有片集体茶山，全村男女老少，都在那里采茶。茶山上飘荡着欢声笑语。那些地里的茶草早已被采摘得很干净了，往往我们从这块地蹿到那块地，也找不到几片茶叶。而茶地畔上茅草正抽芽，嫩绿的新鲜茎叶在微风中飘摇，很快分散了我们的视线。轻轻抽一根茅草，剥开叶苞，露出里面如白色毛毛虫的蕊，软软的，散发着清香，放进嘴里，立马就化了。孩子还是嘴馋，于是，放下书包，专心寻找草丛中的天然零食。

即使我从小就开始采摘茶叶，可对茶叶的认识仅限于茶草的大小。小时候家里喝茶并没有太多的讲究。大部分人家，经年累月喝的也就是黄大茶——一种夏时枝条粗壮的茶叶，自家采摘，自家烘制，自家收藏。取一撮茶叶，放进开水瓶里，灌上开水，直接倒在大瓷杯或瓷碗中，等凉后大口大口地喝着，非常解渴。

那些儿时母亲采茶炒茶的记忆，总会在我如今生活的小城开始飘起茶香时苏醒。少时摘茶劳作是一种完全的游乐，不关乎生存的压力、欲望的挣扎，更没有名利的纷争，只为简单的快乐。虽然日子清淡，可我并没有读出多少艰涩，母亲的艰辛至少在春日的茶地里很轻也很浅。多年后的今天，我回忆起的也只是与母亲采茶时宁静的氛围，像一幅水墨画，在时光深处凝驻。

现在，我所从事的是一份有着美丽光环而且令人骄傲与敬佩的事业，白衣天使的翅膀虽没有全然展开，在长途跋涉的追求中，却自有一份心满意足的适意。当我身穿白衣穿梭在病房里，想起昨日种种劳作，心里依然充满着纯粹的渴望，期待家乡山头的采茶姑娘中有一个身影，那就是我。

新茶的香气开始在山城上空飘荡。上下班途中，车子在熟悉的街道上滑行，迎面扑鼻的香，总是让我有意深吸几口，要将那香吸进心肺里。茶香带给我愉悦的好情绪。

茶行的门里门外，摆满了盛装新茶的纸盒。有人将茶叶摊在竹匾里，就在店铺门外的人行道上，拿小椅子端坐，拣剔起茶叶。行人从旁边过，探身，仔细观察那茶色，问一声，今年的新茶呀？得到肯定的答复后，总会禁不住抓一点，放到鼻子前嗅一下，然后发出啧啧称赞。那拣茶的人，自会露出喜不自胜的表情。

县里大力开发茶叶，打开了岳西茶叶市场，创响了岳西翠兰品牌，并相继开发岳西翠芽、岳西翠尖，形成了岳西翠兰名优茶系列。对茶叶的最新认识，是在我家开始做茶叶生意后。

生活稳定后，我开始追求茶的品位与茶带来的精神享受。我喜欢一边看书，一边听音乐，一边饮茶，心绪在茶香袅袅里飘荡，挣脱尘世的劳顿，在宁静中得以放松片刻。闲时且翻书，茶学问多哉深哉。“一杯春露暂留客，两腋清风几欲仙”“春共山中采，香宜竹里煎”“半榻梦刚回，活火初煎新涧水”……宁静、淡泊、幽雅的茶，是底蕴深厚的东方文化的象征，体现了古人含蓄内敛的性格。

平淡日子中的我，拈一片新茶，微笑，自有一份禅意盈上心头。

李愈芸

采　茶

昨晚回家帮兄弟制茶，熬到午夜。似乎刚躺下，迷糊中有人喊，一下惊醒了，是孩子他妈在门外。艰难地睁开眼，窗户上一片白，天亮了！拿起手机一看，刚到五点。

“这么早！”我嘀咕了一句。起床开门，扑面的冷风像绵密的花针，直往身上扎。见她双臂抱在胸前瑟瑟发抖的样子，问：“冷吧？”将她让进屋。“可不？像打摆子！”“咋回来的？”她娘家那儿物候早几天，几天前岳母来电话，她就回去帮着摘茶了。昨天与她约定回来，家里的茶也该摘了。“你接啊？又不会骑车！”她白了我一眼，“不到三点就随卖茶的走到沈桥。等到天亮，搭不上车，打电话让老二骑车接的。”“哦！”我讪笑着。从她娘家到沈桥，六七里地呢。她眼泡有些肿，发青。拉过她的手，那手冰凉。“你还睡会儿吧，我做饭去。”说完，她径直往厨房里走。索性不睡了，我俩一人洗衣，一人做饭。等我将衣服晾好，见锅里煮着面条，她已吃完，挎着背篓朝外走，头也不回地说："我上沙坪那块瞧瞧，你就来！"我吸溜了一碗面，叫醒两个睡得正香的孩子，提着小篮下地去。

这块地只有二三十棵茶。与我家其他茶地一样，茶树间布满了杂草，上面一层枯的，下面长出一层新的。以前种玉米、豆子，翻地，施肥，除草——种了庄稼，也培了茶树。这几年荒芜了，茶树就长得慢，苗头稀。

老远就听见她数落："追魂似的叫我回来，捋老茶叶片吗？"

五天前的早晨下了场浓霜，莫不是受了影响？走近一看，可不！茶树上不见一丝新绿，尽是那乌青的老叶。再一细看，枝头、老叶腋下绽出的芽头都焦糊了，像开水烫过。"苗头冻死了！"她说。我也一下子蔫了。头遍茶最值钱，好容易放两天假，本想可劲采，哪知有力无处使。我家的茶叶本来就少，无人打理，没指望它挣个盆满钵满，倒是那些将茶叶作为经济支柱的茶农，看到这情形，心一定凉了。

摘下几枝细看，芽苞黄褐色，轻轻一捻就碎了，化成浑浊的汁液。散开的叶片，边缘枯萎了，卷曲着，这样的茶叶不可采摘。她蹲在地上，胸前的围裙竟鼓了个小包。"咦，咋摘了这么多？"我诧异地问。"茶棵肚下拣的。"那些地方的芽头被重重枝叶庇护，侥幸成了漏网之鱼。从她兜里抓出一撮，摊在掌上看，这些茶叶虽比经霜的好些，但叶尖、边缘有不少糊点，茎秆洇出暗红，也冻伤了。此外，上哪儿摘去？只好学着她的样子，专往茶树的"肚里""脚下"寻。

摘完这片，我俩上了黄土岗。岗上也有片茶园，情形与沙坪无异，打马过街一般就将这块地跑遍了。

"上杉树沟看看去！"那儿是我家最好的一片茶地，不知是土质还是茶种原因，每年这儿的茶出来得早，芽头密，品相好。这块地在临沟的陡坡上，三面环山。山上林木繁阴，满眼青葱。早开的映山红这儿一树，那儿一簇，在绿叶中躲躲闪闪，藏头露尾。有的还是满树的花苞，像孩童的一张张小嘴咕嘟着；有的开得如火如荼，像笼着一匹匹烟霞，一片明艳。往茶地一看，果然比别处好多了。茶树像一个个小蒙古包，墨绿色的外围簇着一层新叶，青翠欲滴，夺人眼目。那些苗头，有的叶片紧裹着芽苞，长只一公分左右，形似一枚枚翡翠雕琢的玉簪，摘下它制成的茶，叫“翠尖”；有的散开了一两片新叶，长约两公分，犹如一枝枝碧绿的兰花，用它做成的茶唤作“翠兰”。我精神一振，将手指捏得“嘎巴”响，对自己说：别走神，加把劲，跟她比一比！

我们采摘制作“翠兰”的茶草，规格是一叶一芽。只有采得均匀，才可能制得规整。有句话叫：世界上没有完全相同的两片树叶。新茶也是参差不齐，长短不一。长的拦腰截去相宜的长度，短的留到下遍再摘。要命的是须避开每枝基部那片托叶，我们叫“托板叶”。它最早展开，经风历雨老化了，水分少，稍一受热便枯干了，颜色焦黄，影响品相。茎秆又短，它们紧贴着上面的叶片，我常泥沙俱下混采了，得重新剔除，这样自然影响采摘速度。

正摘着，她唤我到近前来，说我拣好的摘，摘花了。这遍不摘清，下遍不好摘。在她眼皮底下，好监督我。我磨蹭着到她跟前，与她一起摘。今年头次摘茶，手生。我一手攀着枝条，另一只手掰，左躲右闪，磕磕绊绊，很难心手合一。采下的茶叶积在掌中，随着手的一张一合，细碎的茶叶拢不住，间或漏下一枝两枝，弯腰去捡，每每招来她的喝止，说浪费功夫，不划算。她本来就比我眼疾手快，又操练了几天，瞄一眼，见她左右开弓，像在茶树上弹钢琴，两手轻提慢按，起落有致，不紧不慢，很有节奏；又像拿了两把剃刀，手到之处，茶苗削发般被刮去，掌中的茶苗竟像刻意码放般的齐整。她已向背篓里倒了一兜，我呢，茶叶刚盖过篮底一截。心里着急，暗暗使劲，手上加速。可越急越紧张，手指不听使唤；越急越分心，总拿眼角余光注视她，见她安然若素，小鸡啄米一般采个不停，有股无形的迫力袭来，越发乱了方寸，一阵燥热，竟出了一身毛毛汗。我一下子泄劲了，脑瓜木木的，打了个长长的哈欠，赶紧找了块石头坐下抽根烟。

太阳泊在海一般的空中，迷离的辉光像恋人的眼神。先前浑然不觉，这会儿繁杂的鸟鸣大珠小珠一般溅落在耳畔。若有若无的微风，像谁在低吟浅唱。袭人的幽香，从草木气息中剥离开来，长驱直入，在肺腑间氤氲。不用寻，林间一定有兰花开得正盛。

“哎哟！”她突然惨叫一声，我心中一凛。“快来！”她拖着哭腔。看见土蟒蛇或被咬着了？那蛇不大，却毒，曾经有人摘茶被它咬伤，险些废了那只手。我一跃到跟前一看，便无语了，原来她的脚腕上叮着一只山蚂蟥！这家伙麻褐色，一头吸盘紧巴着皮肉，一头伸得细长，蛇芯一般扭动。“一只蚂蟥吓成这样！”我哭笑不得。“少废话，快揪啊！”她脸色煞白。山蚂蟥体表有层黏液，很滑，使劲揪了几次才下来。她指着白亮的腿肚，上面有几个红点，“在妈家被咬的，现在还钻心地痒。”那小腿浮肿了，拿指头朝腿杆一按，陷下去一个坑。茶地多是坡地，脚得使劲把持住地面，才可站稳脚跟，天天这样立着，不浮肿才怪呢！轻轻摩挲着她滚圆的小腿，心里掠过一丝酸楚。

日头有些毒了，晒得人直发软，身上汗涔涔的。脱了外套，背上仍像有把火烤着。我打起精神，为免受干扰，与她分开摘。直到日过中天，我们才将这块地摘完。朝篮子里一看，万千颗灵芽攒在一起，满眼的青翠，让人目眩神迷。抓一把细瞧，每一枝的背面纤毫毕露，如凝清霜。凑近一闻，浓郁的茶香，像极了蕙兰的花气，清泉一般沁入心脾。跟在她身后，提着竹篮，莫名地想出一句打油诗：提篮春光带回家。

刘挥华

岳西茶意

昨晚喝了酒，早晨起床目涩口干，上午喝炒青茶，一杯接一杯地续水，连喝三杯心神才定下来。炒青是好茶。

岳西产绿茶，翠兰和炒青，古已有之。翠兰茶是诗，起承转合都很雅致。有次去包家乡，拈了一撮石佛翠尖投入玻璃杯，但见叶芽上浮，聚于杯口，好山好色一下子汹涌过来，恍惚是小岐岭的兰草花訇然怒开。炒青茶是散文，形散神聚，形是什么，神是什么，各有认识。

春天的山岗，风是绿的，雨是绿的，树也是新绿的，茶园一溜一溜，老绿托着嫩绿，采茶人在暖风里，采得一篓两篓茶草，茶篓里的气韵也是鲜绿的。做翠兰的鲜叶，一定要鲜嫩，明前雨后，新生的茶叶耸出了老枝，掐得一芽两叶，品形端庄。端庄不一定不生动，生动者则天真，“天真得不留余地”，这是我女儿说的，我很喜欢。

采回的鲜叶经杀青、造型、烘焙，制成翠兰茶。朋友说，大锅竹帚翻炒，炸边出锅，特别香。炸边出锅，是俗语。铁锅下生大火，翻炒杀青，清香炸出以后，转入小火，边炒边整形，青气尽去，清香四溢。而后，在炭火烘笼上烘焙，毛火一遍，足火一遍，茶乃成。

茶成春生乃泡茶，其形如小兰花，其汤色凝春翠，其味有兰花香，故名翠兰。一泡春水碧于天，纸窗瓦屋听雨眠；二泡春潮带雨来，幽兰无人芳自清；三泡流光容易把人抛，流水落花春杳杳。

从来佳茗似佳人，翠兰是佳人，是大家闺秀，行脚款款有风韵。炒青则如铁板铜琶，大江东去浪淘不尽余味长。各有各的妙处。闲饮茶，雕花小窗，雨水从屋檐滴下，宜饮翠兰。忙时饮茶，宜饮炒青。

炒青是制茶方式，从前就有炒青、烘青、晒青、蒸青。作炒青的鲜叶，春天摘可以，夏天摘也可以，明前雨后、谷雨前后都可以。大概，炒青的饮外之意就是率性。率性不是草率。采摘的时机看似随意，茶品依旧不低。气韵流动，这是岳西茶叶的好。不论是低海拔，还是高海拔，都有风声鸟鸣，花香云出。

鲜叶采回来，大致经过摊晾、杀青、揉捻、二青、三青几道工序。岳西炒青有长有圆，长炒青，圆炒青，都滋味浓，耐泡。一泡味苦，二泡味烈，三泡味芬，四泡味幽，五泡味浅。即使味浅，依然有仗剑天涯的侠客身姿，只不过被春云吞吐，恍若梦里不知身是客，一晌东风无力。

“热肠如沸，茶不胜酒。幽韵如云，酒不胜茶。酒类侠，茶类隐。”陈继儒《晚香堂小品》对茶酒作如是观。翠兰和炒青亦如此。翠兰有幽韵，炒青有热肠。翠兰是草色遥看，炒青是三月芳菲。翠兰是隐者，隐隐有春风十里柔情；炒青是侠者，上林花似锦，出门俱是背剑人。

有的翠兰里喝得出炒青的况味，有的炒青里喝得出翠兰的心思。有的人喜喝翠兰，有的人喜喝炒青。喝翠兰的爱幽境，喝炒青的爱热闹，不仅是味觉上的热烈，更有心境上的奔放。

岳西翠兰是诗，我为她写过一首；炒青是散文，形散开，一根炒青展开就是一枝叶片，神聚拢，聚拢起来就是一个春天。不过我没有专门为炒青写篇散文，这是个遗憾。

刘灭资

老家的茶

我是喝老家茶长大的。

小时候喝的是黄大茶。黄大茶是一种粗茶。从地里摘回来，在洗净的锅里搓卷、焙干，叶大，梗子也长，茶形不佳。抓一小把，放进篾壳水瓶里，又浓又烫，管到一整天。这种茶，缺点就是烫，喝了不过瘾。要喝得过瘾，一定是瓦壶里的茶。早晨起来，在大锅里大火烧开水，在水中洒几把茶叶，灌入壶中，放到火灰池里保温。中午回家，茶如果还有点烫，就倒进大海碗中，边喝边晾。趁热喝，三碗下肚，热汗淋漓，坐在大门槛上，风一吹，爽！下午回家，茶还有点温，就令狐冲（拎壶冲），人嘴对壶嘴，咕咚咕咚，一口气灌足。打个饱嗝，疲惫顿失，又来精神。此之谓：吞。

少年时代喝的是炒青。日子一天比一天好，茶艺得改进。炒青采于谷雨后，此时茶叶生长茂盛，枝叶丰盈。入锅，手搓，让叶片裹紧，粒小，上品呈灰色。用开水一泡，绿色越来越浓。有人说，酷似碧螺春。揭开杯盖，热气氤氲，颇似云雾蒸腾。入口，烫；再喝一口，香；第三口，酽。主人顿时神清气爽，文质彬彬。此之谓：饮。

近年来，老家的茶，名气越来越大，现在已经是国礼了。家乡的茶名曰翠兰，早已漂洋过海，成为改变世界的树叶的一部分。岳西翠兰是货真价实的雨前茶。这里的雨，就是谷雨。谷雨是采茶的时节，民间谚语云："谷雨谷雨，采茶对雨。"谷雨新茶，细嫩清香，味道最佳。

喝翠兰，重在品。一曰看。岳西翠兰外形芽叶相连，自然舒展，形似兰花，色泽翠绿，质地鲜嫩，毫芒显露。经开水冲泡后，汤色浅绿明亮。二曰嗅。岳西地处大别山腹地，生态环境良好，兰花漫山遍野，这里的茶叶自然就浸润了兰花的芳香。打开杯盖，热气飘逸，幽香袭人。三曰含。含英咀华。抿一小口，不急于咽下，让舌尖感受，让齿颊体察，慢慢咽下去，微甜，清爽醇浓，兴味悠长。喝翠兰，适于明月夜，晴窗下，一个人，一本书，思接千载，视通万里；适于知己相聚，闲敲棋子，相视无言，莞尔一笑。正如周作人先生说："喝茶当于瓦屋纸窗之下，清泉绿茶，用素雅的陶瓷茶具，同二三人共饮，得半日之闲，可抵十年的尘梦。"

老家产茶，老家人的生活离不开茶。茶，味苦。饮之，使人益思。老家尚学，才子多，能诗会画，古典诗词造诣深厚，文协、作协工作出色，有不少省、市名家。我原来工作过的县中更是人才辈出，知名高校录取率逐年提高。故乡学子遍布世界各地，大多善于思，敏于行，独当一面，行业领跑。

我的一位老师姓钱，南京人，曾在岳西工作二十余年。他曾对我说过一句名言："喝了岳西茶，腹不痛，腿不软。"老家茶消食，刮油健胃。小时候，肚子疼，喝焦茶。把大麦炒焦，放入茶，注水，烧开，喝一碗，就能直起腰；再来一碗，满山跑。喝茶减肥，家乡老人清癯高古，精神矍铄。小伙子身材颀长，神采奕奕；大姑娘樱桃樊素口，杨柳小蛮腰，凹凸有致，苗条妖娆。

出门在外，手握一杯茶，是岳西人的标配。中年、老年人喜欢喝炒青，劲大，实惠，实在。年轻人钟情翠兰。喝翠兰，大老板。有面子，有气派，够摆。一位老乡的老父亲每年都给儿子送茶、寄茶，老人对我说，喝了岳西茶，孩子就会想家，就会回家。岳西人之于茶，就像上海人离不开糖，湖南人离不开辣，四川人离不开麻。

老家人好客。有客人来，礼数不能少，主人请上坐，敬香烟，端上各种点心，还要“烧个茶”。先吃茶，后吃饭。这茶可不是平日里喝的茶。有人登门拜年，落座后，首先端上一盘热气腾腾的茶叶蛋，请客人品尝。这时的茶叶蛋就是“元宝”，主人希望你在新的一年里“招财进宝”。有时也打荷包蛋烧茶。荷包蛋，并不久煮，加上糖，有的还放些“冻米”，吃起来香甜，这就是喝子（鸡蛋）茶。尊贵的客人来了，还要烧鸡面茶。鸡面茶由两个部分组成，蓝边大碗的底层是鸡腿、精肉，上面是挂面（手工扯的面条），一大碗，堆成山。香喷喷，叫人眼馋。此人接待标准：上客相待。

一位喜欢访茶的朋友说，喝了岳西茶，就丢不掉，总想往那里跑。岳西的茶好，岳西的人好！

柳瑞林

采茶两题

采茶女

姚河之所以获得“翠兰茗乡”的美誉，得益于当地采茶女们的功劳。现在的制茶，大多是用机械，隆隆的机鸣声淹没了欢声笑语，飞速旋转的理条机代替了千百年来的手揉烘焙。因而制茶不难，采茶难。就像制作岳西豆粑一样，站在锅台烫豆粑的是徒弟，坐在灶门口把火的才是师傅。

可不是嘛？茶草的好坏决定着干茶的形、色、味，要制作上乘的干茶，就得有好的茶草。那些每天为茶厂收购茶草的贩子，见到色泽鲜艳、大小匀称的茶草，是从不吝啬价钱的，这也是在同一天采摘的茶草，为什么卖的价钱不一样的原因。清明节前后，你若来到姚河，随便走进哪个村组，都能看到：山坡上、梯地里、田畈中，一群群头戴遮阳帽、胸前挎着个布兜兜的采茶女，她们微微弯着腰，一双灵巧的手像小鸡啄米似的在茶棵上“啄”个不停，构成姚河春天里一道绝美的风景。

春风里，漫山遍野的茶苗，一个个都探出了头，晃着脑袋，在静静地舒展着身体，向世人展示着最美的身段，散发出一种不可言说的美。这个季节对姚河的女人来说虽是最忙碌的季节，也是最幸福最快活的季节。

天刚鱼肚白，启明星还在东方天空一闪一闪地眨着眼睛，采茶女就下床劳作了。村前的小溪就响起了棒槌声，她们要洗好头天晚上换下的脏衣服，做好一家人的早饭，喂好圈里的牲畜，用茶缸装好上学孩子的中餐，等这一切都做妥当了，再系好茶叶兜兜或拎个篮子出了门。

来到茶叶地，望着眼前的一片青绿，采茶女们清楚地记得哪块地是昨天摘过的，哪块地留待明天再摘，哪块地今天摘最合适。别看茶苗都冒出来了，但采摘是很有讲究的，并非像剃和尚头那样，一刀下去满头光，须摘大留小。也不能像剔莴笋叶那样，自上而下，一顺地望下剔，那样剔下来的茶苗带“马蹄脚”，既影响茶叶的外观，又影响新苗的再生长。

太阳偏西了，收茶草的贩子提着秤杆，拎着蛇皮袋，开始在路边收购了。这时，采茶女们拎着一篮子的欢喜，奔下山来，和茶贩子一番讨价还价之后，再从茶贩子手里接过一摞花票子，攥在手心里，然后一溜烟消失了。不久，各家的房顶上就会冒出一阵阵炊烟。

摘茶叶

清明节后，满地的茶苗似胡茬般一个劲地疯长。昨天茶树上还是黑茶棵，一夜之间像是变魔术似的，满地青乎乎的。茶草是一天一个价，前天还买三十八元一斤，昨天就只买三十五元了。那些茶叶大户恨不得有分身术，只好请人帮忙采摘。家家户户都在忙，谁还有空帮你呀？

看着妻子每天早出晚归在茶地里忙碌的身影，我着实心疼。我对妻子说：“明天是星期天，我去帮你摘一天茶叶。”“算了吧，你那斯文的样子，吃不了那个苦的。”对于我的请求，妻子不屑一顾。我说：“摘茶叶又不是什么技术活，不要从门缝里看人——把人看扁了。”看我生气的样子，妻子勉强同意我去帮她。

第二天，是个晴朗的好天气。早早地吃了早饭，妻子胸口挎着个布兜兜，我拎着个菜篮，来到茶地，顾不上歇息一下，就和妻子一起忙开了。妻子一双灵巧的手，像一对蝶儿在茶树间上下翻飞。我也学着她的样子，弓着腰，左手拽着茶枝，右手去摘茶苗，看似一副很内行的样子，可是那细嫩的茶苗似不听话的孩子，你往手心里攒，它偏要往手指缝里钻，怎么也不听使唤。真是看花容易，绣花难啊！一个小时过去了，我已经累得腰酸背疼。我想蹲下来摘一会，但蹲下不到半个小时，腿又麻了，真是站也不是，蹲也不是。想不到摘茶叶这么简单的活，做起来这么的累。火辣辣的太阳晒得我全身冒汗。快到半上午了，看看篮子里，摘的还不到二两茶叶，再看看妻子，胸口的布兜兜鼓起来了，看样子有两三斤了。我是晒得满脸通红，汗水涔涔，不时地喘着粗气。看着我那疲倦的样子，妻子笑道：“我说得不假吧，我的柳大先生，你的手是捏笔的，不是摘茶叶的，还是回家歇着哦。”面对妻子的调侃，我无言以对，尽管摘得很慢，尽管又渴又累，我还是要坚持下去，一定要陪伴着妻子，两人一起回家……

当归鸦叼走最后一抹残阳，我带着对妻子、对农人的敬畏，带着满身茶叶的清香，拎着篮子，默默走在山间小路上……

万 婉

古坊毓秀酝“茶痴”

古坊，名字带古，古色古香，深藏着古气；古坊，在大山深处，有山有水，富于灵气。远上寒山石径斜，白云生处有人家。山间群峰拥列，云环雾绕，竹翠松茂，涵养着深意。古坊在哪里？古坊位于岳西县西部边陲，西与湖北省英山县杨柳镇、陶家河乡接壤，距岳武高速大别山南出口10公里。这里山岭交叠，坡高谷深，雨滋露润，气候温凉，土层肥厚，适宜茶叶等经济作物生长。所以，古坊出好茶，亦酝茶痴。

“精茗蕴香，借水而发”，古坊系长江流域皖河水系长河干流——店前河的发源地。境内龙潭河，绕山迂回，河道窄，坡降大。处处闻泉声潺湲，飞瀑轰鸣，地下水资源相当丰富，有小型水库四座。水为茶之母，龙潭玉照泉中水，烹茶绕雾生余香。更奇妙的是古坊正处在神奇的北纬30度线上，生态环境得天独厚，占尽地利。

“啼魄天涯，遍映红霞，满岭杜鹃，溪亭云阁，可览层峦。奇石嶙峋，气势凌烟。”四月的烟雨，远离市井尘寰，鸟鸣山更幽。坡坡岭岭，层层叠叠，到处是葱葱郁郁的茶园。远处，山山埫埫，松杉林立。有几百年的银杏、枫香，雄奇挺拔，蔚为壮观。还有九眼寨关镇、太平寨遗址、钟鼓旗山、九龙攒珠、瞭望台看日出等一派自然景观。古坊还是红二十五军、红二十八军的革命根据地之一。民风淳朴，古韵犹存，是休闲避暑的好去处。

岳西县先后被相关部门定为名优茶生产基地县、无公害茶生产示范县、茶叶标准化建设示范区、国家科技支撑项目——茶叶清洁化生产控制研究实施县等。岳西翠兰成了岳西县对外一块亮丽的金色招牌，一张特色名片。古坊本就属名茶之乡，茶叶在县内外享誉甚高，是岳西翠兰的主产地之一。

古坊乡下坊村，就有一位年近古稀的普通农民，近40多年来采用“工厂+基地+农户”的经营模式，带领当地及周边600多户茶农致富。他研制的“林兰”牌自动制作名茶机先后被授予6项国家专利；创制的“长岭兰芽”茶获得多届“中茶杯”全国名优茶评比特等奖、金奖；林兰名茶厂也被安庆市委、市政府评为“实施农业三项工程品牌先进单位”。这位被当地民众称为“茶痴”，被省、市媒体誉为“农民企业家、发明家”“诗茶双绝”，被市政府评为“安庆市劳动模范”，被国家劳动部、社会保障部授予“评茶师”的传奇人物就是岳西县林兰名茶厂厂长、国家评茶师刘友林先生。

我亦是痴人，此趟古坊行只为林兰痴！“茶痴”刘友林不紧不慢地沏茶、赏茶，我亦在闻茶、饮茶中逐步领悟到“茶痴”的执着与修为。长岭兰芽外形平扁挺直，芽头肥壮，色泽银绿。泡在杯中，根根竖立，上下漂浮，如仙子碧空起舞，秀丽多姿。味持久，香高扬，不仅能生津止渴、提神醒脑，且有明目清热、利尿消积之功效。我捧起这杯茶，细品慢啜，它的清气、和气、雅气都在这一品一啜中。茶如人生，人生如茶，就这样相辅相成，滋生了茶文化。人生如茶，从摘取那鲜嫩的一芽一叶，到杀青、揉捻、整条、烘焙，再到沸水的洗礼，灵魂的震颤，形成一杯清茶，浮浮沉沉，青涩回甘，缱绻于舌尖，然后从鼻腔到咽喉，到沁入心脾，一种先苦后甜的清香、舒爽从心田中淡淡滋生。从灵魂悸动到花开花落、云卷云舒再到岁月静好的过程就是人生的历练、澄明、升华之旅。不是有缘人，难品林兰茶！“不与鲜花斗艳妆，丛丛绿影映山庄。披霞枕雾心素洁，饮露餐霜性自凉。对月谈诗邀雅士，延年祛病胜鲜方。赴汤蹈火终不悔，奉献人间一盏香。”这是茶痴对茶的咏叹，也是对生命的歌唱。

“茶痴”刘友林，1985年以自家七亩茶园为基础，办起了林兰名茶厂。恰逢当年，岳西县农业局创制了岳西翠兰这个品牌，需要一个茶厂作为生产试验点，刘友林通过努力争取到资格，古坊林兰名茶厂成为生产岳西翠兰的定点厂家。机遇偏爱有缘人，原白帽区农技站胡庆华站长偶然看到刘友林是个肯钻研、爱学习的人，便将自己的大学课本送给了他。刘友林从此与茶叶结下了不解之缘，他将种茶、采茶、制茶、饮茶当成了毕生事业，融入自己的生命中。

为使土壤肥厚，茶叶增产，刘友林夫妻二人披星戴月，抗高温，沐风雨，历时三年将自家茶园整改个遍；为了提高茶叶内质，他的茶园全部使用菜籽饼肥，而不施用化肥；为便于管理和采摘，他又于1988年6月进行了改树工程，当时用来修枝的剪刀可是笨重的手工剪啊。他起早摸黑，风雨无阻，好在天道酬勤，他家茶叶长势良好，为以后的优质高产打下了良好的基础。他在劳作之余写下了所感、所思、所获、所盼：“沿途幽静月朦胧，更有清凉岭上风。天色渐明山渐绿，晨曦初照蕊初红。挥锄洒汗身忘累，斩草除根兴倍浓。若得名茶长拔萃，须知精品出精工。”

林兰整改过的高标准茶园通过了县农业局验收，他的茶叶内质得到了改良和提高。1994年林兰生产的岳西翠兰荣获全县第一名。

说刘友林是茶痴，没有人否认，他一旦认准的事，九头牛也拉不回来。他认真观察研究了机械制作炒青的过程，心想：如果能将岳西翠兰制作改为机械制作就好了。但当时中国所有名优茶都是手工制作的，他兴冲冲地跑去请教专家怎样能做机械制名茶时，专家们回答说：“这不是你该想的事，全国名茶都不是机械制作，你瞎操心。”他心中不服，于是暗暗下定决心：此后要将毕生精力用来研究机械制名茶。从 1988 年开始，十一个春秋，历经艰辛，屡遭挫折，苦心钻研，失败，改进，再失败，再改进，经过数百次实验，刘友林终于成功制造出第一台新型连续自动制茶机。该机滚筒杀青机出料口与理条机进料口相连，理条机出料口与第一台烘干机进料口相连，第一个烘干机与散热压形输送机进料端相连，散热压形输送机下料端与第二个烘干机进料口相连，形成全自动化连续自动制茶机。其工作流程是杀青、理条、初烘、散热、压形、复烘。从鲜叶进机，到出干茶，一次性出成品。苦心人天不负，刘友林实现了他的机械制茶梦！拿着两本专利证书，刘友林激动地赋诗一首：“精心试验十余年，花费资金廿万钱。借贷求援甘冷落，经风历难有谁怜？多番失败餐无味，一度成功创首篇。定教林兰增秀色，赶超百卉竞芳妍。”

刘友林不光是种茶、制茶、制造制茶机，他还要做一个懂茶的人，会品茶的人。2005 年 10 月他报名参加了中国茶叶学会开办的评茶师培训班，以一篇《茶叶清洁生产的实践》的论文得到专家们一致好评，《中国茶叶加工》第一期发表了这篇论文。在同批评茶师培训中，他以最好的成绩顺利拿到了评茶师的资格。能获得评茶师资格，这在中国茶农中是少有的。

茶与茶机的研究成功，给他带来了荣誉，给他的家庭也带来了可观的收入。他自己富了，却不忘带领当地发展。刘友林一贯乐于助人，热心公益事业。自 1996 年起，个人每年投入资金承担 1.8 公里村级路养护任务；带头无偿献出 1.1 亩耕地修建胡龙、围墙两个组级路和两组的安全饮水工程；无偿资助一名孤儿考上大学，在关工委组织的扶持贫困生及其他各种公益事业累计捐款十万余元。刘友林是一个普普通通的农民，是一个地地道道的木匠，又是一个名副其实的企业家，还是一个有真才实学的农民诗人。他担任明堂诗社社长一职达十几年，充分利用《明堂诗刊》集合老干部歌颂党的丰功伟绩和富民政策，引领经济社会发展，丰富老干部精神生活。刘友林的茶诗清新、自然、达观，出神入化，表达了诗人的幽情诗思和真实的生活场景，真正是“文章合为时而著，歌诗合为事而作”。刘友林一直以党员的标准严格要求自己，做党员的榜样、群众的楷模，为本村党员群众和周边茶农的脱贫致富做出了较大的贡献，受到了当地干群的好评与称赞，多次被评为市劳模、县“双培双带及产业结构调整带头人”。2016年，刘友林又被评为“岳西工匠”“最美岳西人”，获得双重荣誉，是岳西县境内唯一同时获得两项殊荣的人士。这位名茶传承人，用他的睿智、勤劳、朴实谱写和改写了茶史新篇章！

汪维伦

茶的语境和意蕴

茶　语

叙说的方式多种多样：以一只精致的杯盏的方式，也可以一把执壶的姿态，或者以一只粗瓷大碗的随意……

饮者的倾听是静心虔诚的。无论是在春日的茶园，还是在城市的茶楼。

其实品茶就是品一种意蕴，品一种心境，品一种宁静与优雅，品一种闲适与深沉。茶水沁入心脾，如一种贴心贴肺的倾吐，深入肺腑。又如一种善解人意的体贴，无微不至。

一只精致的杯盏中盛着闲情、雅趣，文墨书香，诗书礼仪，学理与知识，遐想与哲思……

一把执壶中煮着街头巷陌，民间石井；也煮着江山社稷，日月乾坤。

一只粗瓷大碗中装下的是雨水和汗水，忙碌

与艰辛；还有一种拙朴而又实在的渴。

几叶新茶在煮沸的山泉里，伸腰展臂，或歌或舞。淡绿色的汁液渐渐散开，现茶的神韵，见水的心情。一杯茶泡出的是智慧和艺术。

身为饮者，我只愿静心禅定，倾听一方水土的教诲与叮咛。

茶　缘

结识茶是缘，结识一个地方新上市的谷雨茶也是缘。

山与水的相遇是缘，茶与水的拥抱更是缘。

难写尽一个“缘”字的地方是人间，难续尽一种缘分的地方也是人间。

谷雨，一个与“茶”有着深厚悠久缘分的季节。一个“缘”字，被茶一写再写；一种缘分，让茶一续再续。缘深厚着一处地方的情谊，茶泡出一方地域民俗文化的浓酽。

一杯茶泡出的是爱，或浓，或淡；或甘，或苦……都是人间味道。

一杯茶泡出的是情，或深，或浅；或缠绵纠结，或千回百转……其中会有着多少难解的心结？

因缘而来，我握不住一处茶乡的春天，更拿不准这里春色的深度。当又一年的谷雨再次喊响一株茶的乳名，这里的春天已将一节诗章写到了深处。

一只茶鸟的吟诵，激情正值高涨。

这时我必须静下来，寻一处地方落座。就着一杯刚泡好的茶水，如一株期待浇灌的禾苗一般去解读一种渴。或者幻想自己就是泡在这杯水中的一片茶叶，随着水温任着水性，尽情地释放内心的激情。

于是，一杯茶便让一种缘的味道，在慢慢品饮中丰富起来。

我，只缘深陷其中，不能自拔。

茶　韵

和成画不同，春天润色的速度有点慢。

那些雨丝的细线并非多余，尽管融尽了覆雪的茶园依然绿着，这只能算作一幅画的底色。仍需用新的雨丝重新刺绣和织锦，仍需借春风的手笔重新描绘和布局：茶树枝头最先缀满的是被露水润亮的鸟鸣。从鹅黄到淡绿，雀舌样的新芽，把最动听的鸣声托举上枝头，对天空吟唱。

春在茶园里嫩着，而节气的脚步却不曾停下。刚响过惊蛰的雷声，春分的幕布便被撩起边角；才吃过清明果，就听到谷雨的雨滴敲打瓦檐的声响。

一条条长长的茶埂之上，采茶女们不停采撷的双手像是在抚琴。采撷就如同一种弹奏——一种新绿将春天弹奏。那被收进篮子里的鲜嫩的绿，便是被收集起的春天最动听的琴音。

春天的茶园，绿是唯一的主题。这里的风是绿色的，采茶女的歌声是绿色的，空气是绿色的，就连滚动在叶尖上的露珠最终也被绿色所俘获，不用问，那只鸟的鸣唱一定也是绿色的。

茶之绿绿着春天的深刻，茶之绿绿出如诗的意蕴。

茶　境

一只盛满茶水的杯子，就是一个茶的王国。

春天在这里伸腰展臂，茶民们在这里载歌载舞。

一只杯子里盛装着深远与辽阔，也盛装着宁静和诗意。

端杯品饮，饮到的是一种胸襟，一种旷达，一种闲暇与优雅。但也不缺少壮志与豪情。

不求大醉，只想微醺。

杯中有日月春秋，杯中有江山社稷，杯中有盛世乾坤。

杯中的世界很小，小的只能装下一个小小的自我。

杯中的世界很大，大的能装下整个星球。

茶境亦心境。一只水杯只是其盛放的媒介。

茶在杯中泡着，泡出的是哲思与意蕴：或宁静致远，或香远益清。

终不忘初心。

汪一平

翠兰茶说

在岳西县东北边陲，有个叫姚河的地方，与舒城、霍山两县接壤，105国道穿境而过。

姚河是“岳西翠兰”茶的发源地，也是“岳西翠兰”茶的摇篮。茶，是交流的一座桥梁。在中国，文人之间有“琴棋书画诗酒茶”，民间过日子有“柴米油盐酱醋茶”，茶能使文人多几分民间情怀，也可使大众多几分文人情味。关于茶的记忆，对于我来说，可谓印象极深。

岳西自古产茶。从我记事起，我们这里大都是做“杆子能撑船，叶子能包盐”的黄大茶，一般在谷雨和立夏之间采摘。摘得长，做也比较容易。那时是大集体年代，一起摘，一起炒。房下有一奶奶，她不擅长炒茶，专门负责烘制，每天很晚才能回家。干茶送供销社，由他们统一收购，统一踩篓子。踩篓子是篾匠师傅的事，一般都在六七月进行，酷暑时期是最辛苦的。黄大茶大都是出山东、山西。家里喝的也是黄大茶，把干黄大茶用碓舂成粉状，用水瓶和茶壶泡。

后来，发展成由黄改绿，成为绿茶，也叫炒青。以舒绿为标准，分多个等级。收购人员用几个铁盒子，分别装上各种样品，按级收购。不论是黄大茶还是炒青，价钱都很低，产量也不高。

1958年，毛泽东主席来到岳西的邻县舒城视察时曾说过："以后山坡上要多多开辟茶园。"从那以后，各地在山坡上开了不少的茶园。舒城的隔壁就是姚河，自此，姚河借了光，也大面积地开发茶园，并且有了新思想：不能只在黄大茶、炒青上做文章。经过不断地摸索和创新，毛峰、小兰花先后诞生了。

1983年春，岳西县农牧渔业局组织一班人以毛峰和小兰花茶制作工艺为基础，试制岳西翠峰茶叶样品。主创人程东明与同事们一道取小兰花茶之形、"三棵半神茶"之香、县境内自然生态茶叶之质、传统制茶工艺之精、众茶农技艺之华，经过几年的潜心研制，创制出独具特色的"岳西翠兰"茶。

"岳西翠兰"问世，城乡沸腾。"岳西翠兰"成为岳西茶叶的标志，并且四海推广，捧在了俄罗斯总统的手上。

渐渐地，岳西翠兰成为国家地理标志性产品，成为国宾礼茶，让五洲四海的人爱不释手。绿叶变"金叶"，茶农变茶商，于是农民的致富路一下子活了起来。每年清明时节，蛰伏蓄势了一冬的春茶，迫不及待地吐露着新绿。岳西的男女老少，白天在茶园穿梭，男男女女忙采茶；傍晚街道上，车水马龙，人来人往，喜卖鲜茶草；夜晚，灯火通明，机器轰隆，加工翠兰茶。人们戏称4、5月是"发财月"。而"岳西翠兰"发源地——姚河，更是喜接全国游客，来此采茶、品茶、购销，一条龙服务。如今的姚河乡，置身其中，仿佛来到一个乡村别墅群，家家户户现代住房错落别致，干净清爽，屋前屋后清新翠绿的茶园成为姚河人的"宝贝"，成为姚河人的金叶叶。

突然想起曾为“岳西翠兰”写过的一首诗：“雀舌毛峰众口夸，而今崛起翠兰茶。行商坐贾如云集，引入清香万万家。”如今，“岳西翠兰”已走出了大别山，走进了千万人家，成为国家“两会”专用茶，这标志着岳西翠兰已经走在越来越广阔的道路上。作为一名岳西人，我骄傲，我自豪。

王恩乾

茶　缘

老家房前屋后全是茶地。每年早春，那亮嫩的叶子便从枝头一片片抽出来，满坡新绿，采茶的乡亲笑逐颜开，忙碌的身影里茶歌四起，村庄一派生机盎然。

茶是我们家乡最好的特产。每次出差，我都要带一点自己饮用，别看这一小包茶，它往往能让我与外地人结一段茶缘。

多年前一个暑期，我在安庆参加继续教育学习，一位外县同行陈君得知我是岳西人，马上热情地与我攀谈，开口便说自己是个有口福的人。我正琢磨他的话，只听他喜形于色地说："岳西是个好地方，山清水秀，岳西茶叶特别好……"他问我此次带来多少茶叶，我解释说本人与生意无缘，外出一般只带少许自用，既然你喜欢就送你一点尝尝吧。陈君却说只是随便问问，其实他自己饮用的茶也产自岳西。每年春天他都要亲自到岳西为家人和朋友采购茶叶，并且参与采摘制作的全过程，这样，不仅能防假冒，更重要的是能亲身体验山区茶乡那淳朴温馨的自然生活。

因为茶，我与陈君熟识很快，彼此感情亲近，话题自然更多。在交谈中，他得知我是一位文学爱好者，说很敬佩，问我是否写有赞美自己家乡茶叶的作品，我随即吟诵着二十年前第一次在诗刊上发表的一首诗——《茶歌》："从枝头第一片翠叶上感受春天 / 村庄的道路在茶歌和云雾中展开 / ……把三月春光揽进竹篓 / 采茶妹子葱样的手指 / 触动滴翠的山歌 / 挡不住的温情与诱惑 / 故乡的茶呵提起你 / 我周身仿佛长满嘴唇……"随着朗诵的节奏，陈君一边倾听一边点头，在诗的韵律中，我们仿佛一起陶醉在茶乡的温暖怀抱中。陈君说他对诗歌是外行，对茶道却颇有研究，接着他滔滔不绝地说出一大套品茶的理论，从名人名言讲到故事传说。记得他当时引用了周作人的一句话："清泉绿茶，用素雅的陶瓷茶具，同二三人共饮，得半日之闲，可抵十年的尘梦。"就这样，我们一边饮着岳西茶，一边谈论着茶文化，直至深夜。最后，陈君遗憾地说："岳西有这么好的茶，可惜在县城找不到一家茶馆。"

这其实是十多年前的情形，现在山城已开了多家茶楼茶馆。由于生活水平逐渐提高，人们不仅仅满足于吃饱穿暖了，而是越来越注重养生与休闲，而品茶是高雅的休闲生活方式之一。

因为喜欢品茶，我在茶楼里又多了一些朋友，大家有空在一起品茶，谈心，共同享受假日缓慢的休闲时光。"妙道茶楼"老板姓崔，他老家在妙道山，有时大家谈得正酣时，茶楼老板也加入进来。他给客人饮用的茶全部出自自家高山茶园，无公害无污染。去年中秋时节，他邀请我们几位茶友去参观他自家的茶园，虽是秋天，满坡的茶树仍是碧绿碧绿的，上面开着淡淡的茶花，清澈的溪流在附近淙淙流淌，头顶是蓝天白云，让人不自觉地进入一种禅境。人们常说禅茶一味，我觉得这味只有在此时此地融入此景才能真正品出。岳西是禅宗圣地，或许也与这里盛产茶有关吧。

这样想着，一首小诗《妙道禅茶》也就随口而出了——

择茶而居
必须一饮再饮直至
涤尽体内的浊气
直至周身溢出
草木的清香
禅就会从茶中走出来
如同这仲秋的茶花
宁静本真满怀喜悦
它正好填补
这秋日午后的空隙
清风徐来
一双素洁的手
呵护着内心金黄的佛焰

因一杯茶，结一世缘，人与人之间，人与物之间，因缘际会，因缘和合，彼此珍重，共享世间温馨与美好。

王启林

品茶悟道明人生

世间万物，无不有道。品茶当无例外。唐代陆羽一部《茶经》，历史、文学、艺术、生物、地理、人生哲理，凡自然和社会，多有论及，涉猎之广，所论之博，文化底蕴之深，非一茶字了得。宋代理学大师朱熹，格物致和，诚意正心，授徒讲学，常常以茶喻理，独树一帜。在“春来映竹抽新芽”的茶季，仕途坎坷的刘禹锡受贬朗州，被友人邀至西山寺饮茶，立于“木兰沾露花微似，瑶草临波色不如”的茶丛之间，一扫仕途之阴霾，在主人“采采翘英为嘉客”“自摘至煎俄顷余”的深情厚谊中，写出了负有盛名的《西山兰若试茶歌》。“自与湖山有宿缘”的才子画家唐伯虎倾囊买船，怀揣茶饼，流连于湖光山色之间，悟道于清泉飞瀑之侧，品味于琴韵乐曲之中。超然于象外，至心物两忘之境界。

我辈凡夫俗子，难能品茗而得理，也不因理

而品茗。但忙累之余，啜茶静心，也不失为浮生一雅好。红尘恶浪，心难免几分浮躁，几分怨怼。唯生存计，谁又能真正脱俗归雅？偶读《神农食经》，有“茶茗久服，令人有力，悦志”一说，思之良久，心有所动。

人生如茶，沸水泡之，汁浓味醇；人生真谛，热情泡之，久悟得道。茶方入沸水，急饮之，汁未出，水又烫，恰如人之无积累而急于求成，唯余烫伤一途，难品茶之真味。反之，茶冷，亦不可饮，饮之胃寒。《茶经》云：“如冷，则精英随气而竭。”恰如人无付出而怨岁月不公，心乏激情而欲成就伟业。一言蔽之，品茗悟性，茶道如人道也。

大学毕业那年，学校让我们回家等待分配，坐熟人便车，到佛教圣地九华山一游，因耽于分配去向，心中闷闷不乐。朋友们均去游殿逛景，我只立于一佛像前发呆，老和尚见了，问：小施主，有甚心事？我见他甚为慈祥，便说出心中的忧虑。老和尚听了，淡淡一笑。

“小施主，一切自在造化。且请吃茶去。”

“吃茶去？吃什么茶去？”

老和尚看着我不解的样子，轻轻摆了摆手。

十年后，春游天柱山，与同伴来到三祖寺抽签，我抽出一“下签”，心甚不安，求问一和尚师傅，答曰：“超然象外，签无好坏。”师傅看我似有所悟，又谈了一会佛理。临别时，他赠我一言：“万物不萦于心，且请吃茶去。”我若有所思地点了点头。

一个偶然机会，读到一副回文联：

趣言能适意，茶品可清心
意适能言趣，心清可品茶

我心非佛心，物我两忘，心灵空明是何等境界；“相逢相问知来历，不拣亲疏便与茶”，但求茶中细咂味，能于苦中品甘甜，也是一种难得的境界吧！

我一好友，工作、生活在岳西茶乡来榜。每年，他都要送我两斤好茶。晚饭后，我坐于书桌前，沏上一杯好友亲手制作的好茶，看着袅袅上升的茶雾，嗅着淡淡的兰花般的芳香，慢慢地，浮躁的心也就静了下来，功名利禄，荣辱得失，悄悄地游离于身外。读一本好书，写几行文字，我心里再也没了纷纷扰扰……

生活中，我是很少品茶的，白开水喝得多。好友的茶，沏上后，我很少真正用味觉去品，更多地用视觉、用嗅觉，严格的说是用心在赏。直到两者融为一体，我才偶尔啜一口，至此，我也才品出了“心清可品茶”之味。

好友的茶品完了，心里的茶味却愈来愈浓。生活中的茶品过了，意念中的茶什么时候才能开始品一品？

想到这里，我忽然记起了赵朴初先生的一首诗：

七碗爱至味，一壶得真趣。
空持千百偈，不如吃茶去。

王向荣

茶　歌

上

茶无歌，茶季是首歌。

清明的阳光才刚软和起来，脚跟似乎还没站稳，那一支支晴朗丰润的“清明芽”就如一根根破土而出的笋尖，迫不及待地粉墨登场，披一身薄黄轻绿，点亮茶农的眼神，看透茶农的心事，喜得他们眉开眼笑。

茶园开在山坡上，落在山坳里，偎在云雾中，风弹起丝弦，雨织成霓裳，鸟儿吹响口哨，村庄就是最厚实的温床，阳光雨露就是最出彩的美妆。吸纳了天地山川之灵气，茶一心一意，长成了茶农心里最美的一季春花。

采茶是女人的事，天刚亮就出门，系个大布兜，进得茶园，一下也不歇，就左右开弓双管齐下。茶苗上雾珠儿亮晶晶的，落进女人的眼睛里，就是一串串粉红小泡泡。她们一边采摘，一边拉呱，一边盘算。渴了，喝一口头年自家炒制的绿茶；饿了，啃一口方便面。累了，累了？茶季是不会觉得累的！她们心无旁骛，精神百倍，十指翻飞，心情雀跃。

夕阳尚有余温，农家惯常早早升起的炊烟迟迟未起，归家的茶娘着急的不是晚饭还未烧，而是得趁着茶草正鲜，早早送去茶厂。“岳西翠兰”的品质就在这一芽、一叶、一念里。

整整一个茶季里，女人的指节和指甲渐渐由绿变黑，指尖、指缝里、老茧上，嵌满了一团团一缕缕墨黑的茶汁，沁着淡淡的茶香。乡里人见怪不怪，白白净净的兰花指只属于城市，柔荑无骨怎么受得起乡间的烟熏火燎呢？茶农嗓门粗，能安然咽下去的，是大茶壶浸泡出来的夏至过后的绿茶，以及土灶木柴大铁锅烹制出来的家常便饭。

等到谷雨时，昔日的“谷雨尖”已然身价暴跌，茶农们依然舍不得赶一回潮流，奢侈地享受一杯新茶。那一串串茶歌，其实不乏苦中作乐，和着鸣虫飞鸟的小调，掺着野花小草的闲情。偶尔的一声叹息，毕竟遮不住心中茂盛葱茏的春意。

这一季的忙碌，心事如茶，浓了多少向往，香了多少寄托！

下

名茶“岳西翠兰”，因产地在兰草丛生的山区县岳西，其形状如兰花而得名。沸水泡而置之案头，如兰簪次第徐徐绽放，其汤翠绿明亮香气持久，其味醇厚回甘唇齿留香。因此屡获大奖，跻身中国名茶之列，声名远播，引得无数山外爱茶之人蜂拥而至。

茶乡岳西两千多平方公里土地上，总面积十七万亩大大小小的茶园，就是孕育“岳西翠兰”这首名茶之歌的灵感源泉。

老家有几亩茶园，从茶芽初发到立夏前后，一个多月里，病弱的母亲瞬间百病全消，两耳不闻窗外事，一心扑在茶园里，任我哄骗、埋怨，全不当回事。那眼神，像极了她指尖饱蘸的茶汁，泛着墨绿的光彩。

除了采茶，母亲还爱制茶。夜深人静时，一个人锅上锅下，杀青、翻炒、烘焙，曙光初绽方上床稍作休息，成茶则小心翼翼地左一层右一层包好保存起来。待到我们回家，献宝似的捧出来，茶杯洗得透亮，虔诚地泡上一杯递过来，盯着我们喝下一口，不等细品，就迫不及待地询问。那表情，让我想起小时候，好不容易拿回一张奖状，眼巴巴地渴望着母亲的一句表扬。

先生甚爱翠兰，居必啜，行必备。深夜床头亦置一杯，读书到佳处，未见其眉飞色舞，唯一啜抒怀。中国文人，诗书酒茶，恣意人生。一杯香茗在手，提神、助兴、抒怀、启思、寄情、明志、砺节、会友。古语云：从来佳茗似佳人；又云：书中自有颜如玉。大概，茶与书，堪比佳人，不必在水一方，而是可赏、可亲、可品、可回味，大妙！

岳西茶文化大师钱子华先生的微信名“吃茶去”，可谓一语道破茶中玄机，或为同道中人才能开悟。

王金桥

司空茶

司空山，山腰，山脚，都是茶。

山腰茶,为寺庙和尚种,如绍云、惟启、行渡等。山脚茶，为勤劳茶农种，散布在冶溪畈和店前畈，还有东方红水库边，放眼皆是一片绿。

司空茶，禅山之茶，必为禅茶。禅茶之源，当溯至西汉。公元前52年，有人在四川蒙顶山种下七株茶树，开创了人工种茶先河。这人，叫吴理真，也是后来的茶祖。公元前4年，茶祖脱发修行，人称甘露禅师。禅师种茶，育茶，制茶，饮茶。禅茶便应运而生。

禅有禅文化，茶有茶文化。二者相融，便现禅茶文化。

且忆禅宗史上著名的“赵州吃茶去”公案。

赵州问新到僧：“曾到此间无？”

僧答：“曾到。”

赵州曰：“吃茶去。”

又问僧，僧答："不曾到。"

赵州曰："吃茶去。"

禅茶文化，抑或禅机奥妙由此可见一斑。

中国汉字，本身就是一种文化。譬如"茶"字，即为"草木之间有一人"。司空茶，司空山草木之间有一人，这人，便是禅宗慧可大师。慧可大师与甘露禅师一样，种茶，育茶，制茶，饮茶。从此，司空茶便有了魂，叫"禅"。

司空茶，比普洱翠绿可人，比猴魁娇小清秀，比龙井澄澈明净，比碧螺春自然俊逸，比铁观音柔情温润。这些，当归于司空茶融禅入禅了。

品司空茶，需用心去品，才得禅茶三境：先饮是茶，再饮不是茶，继而饮又是茶。这心，是清净之心，是无垢无染、无贪无嗔、无怨无忧之心，是空灵自在、湛寂明澈、纯净佳妙之心。

若得清净之心，沏上一杯司空茶，独赏其枝叶舒展，无束无缚；再悟其自主沉浮，无痴无恼。春饮司空茶，则失意事来能治之以忍；夏饮司空茶，则快心事来能视之以淡；秋饮司空茶，则荣宠事来能置之以让；冬饮司空茶，则怨恨事来能安之以理。忙饮司空茶，则烦乱事来能处之以静；闲饮司空茶，则忧悲事来能平之以稳；冷饮司空茶，则怒斥事来能制之以和；暖饮司空茶，则狂傲事来能释之以谦。

司空茶，在山腰，在山脚，如同和尚与茶农，低调成一叶两芽，平凡得绿中泛黄。一叶两芽，简约不简单；绿中泛黄，生命的底色里隐隐透着悠悠禅意。

择一春光明媚或天高云淡日，登顶司空山，问禅慧可；放眼吴楚地，茶香扑鼻。人生繁忙，俗世纷嚣，寻得歇息时，盘膝司空顶，心纳吴楚地，与君，邀上慧可和僧璨，还有清风与明月，共饮一杯司空茶，有色、有香、有味，入脑、入心、入神，那味道，亲切又正宗，它的名字叫——

禅茶一味。

汪乐园

茶山上的母亲

大别山腹地岳西县西北边的青天乡，天蓝水清，山野宁静。这里有云上日出的牛草山，也有鄂豫皖国共和谈旧址的历史遗存。炊烟袅袅的人家，屋边田野小溪，屋后茶园菜园，日出而作，日落而息，生活好不惬意。相传唐朝年间，一位高僧隐居青天的深山老林，将一棵神茶种在明山寨间，左边摘完右边长出，十分神奇。为了保护神茶不被偷走，从此，青天的家家户户便开始种茶，并一代代传承下来。

一

我家住在一个叫石板冲的地方，有东、西二组，老老少少加起来一百多人。三岁左右，我便随着母亲踉踉跄跄地上茶山，因为那是家里除了父亲教书微薄的薪水外，唯一的经济来源。母亲务农，兄妹三人读书，沉甸甸的压力压在母亲摘茶的手上。从家的方向到茶园，直线海拔七百多米，一步步蜿蜒而上的山间小路，时常有蜈蚣、蚂蟥、百脚虫等毒虫出没，假如在上山途中一条蛇吐着芯子从你鞋面上游过，心提到嗓子眼，却也只能蹑足屏息。

但到了茶山，我扎着羊角的辫子就开始飞扬，满心雀跃。一垄垄梯田式的茶园，从山底一层一层向山坡蔓延，直到山顶。那冒着尖的、毛茸茸的茶叶，一根根探出头来。满山的茶香啊，沁人心脾。我背着小竹篓从左边跑到右边，从上面跳到下面，这里采一枝，那里摘一把，高兴了就站到茶树中央双手开采，犯懒了就干脆躲在茶树底下什么也不干。母亲怕我跑远，时不时丢一句："园哎，伢哎，哪去了哦，来吃糖哦！"我听了偷偷笑，发出一声"喵"的回应，转个身撒开腿跑向她的怀里。

母亲摘茶很有耐心，手速很快，大小均匀，人称"王麻利"。每天黄昏时分，父亲拎着一袋子鲜草走六公里到乡里卖茶，茶贩仔细看了看茶叶，二话不说直接上秤，甚至有茶贩直接点名要。一个茶季下来，能赚两千多块钱，这在当年，大概是我家全年收入的一半。所以一到茶季，母亲就像打了鸡血，早上四点多就起来，带着水和方便面，上山下山，铆足劲摘了一筐又一筐，就这样一春又一春，一年又一年。

二

上高一那年，我家那排阴暗潮湿的泥巴瓦屋终于换成了一幢红瓦白墙的楼房。父母亲喜上眉梢，埋头苦干半辈子，终于有个敞亮的房子和院子。听母亲唠叨："今年茶季要好好忙了，要是能凑钱买个太阳能装上，那也不用天天用柴火烧水了。有太阳的日子就可以直接放热水洗啦！"

于是，这个春天，母亲提前去卫生院打了增强体力的药水，准备大干三个月。全家人使命在肩，丝毫不敢怠慢，逢到周末一家人齐上阵。终于，攒够了四千块钱，家里安装了那款最大的太阳能热水器。走过的邻里纷纷羡慕："你看，家里人多就是好，一个茶季都能添置一个大件了。"

摘茶的岁月一直持续，家中的条件日渐改善。而我一天天地长大，也一天天地走远。

毕业工作后的一个五月，得空回到老家再上这片茶山，那些儿时的记忆一幕幕浮现脑海。母亲还在摘茶，戴个草帽弯腰弓背的姿势，丝毫未曾改变。我默默注视着她把嫩叶一根根采下，小心翼翼地放进背篓，只是猛然发现她举手投足的样子比以前慢了，手中的茶叶总是不经意地掉下来。

记不清多久没有回家，也记不清多久没有好好地陪母亲坐着喝喝茶。她总是有各种各样做不完的事，干不完的农活，从菜园到茶地，从山上到田里，一件接着一件，恨不得日夜不得停息。渐渐地，我的琐事也越来越多，回家次数慢慢少了，打电话也寥寥几句就挂了。家乡的庭院、门前的摇椅、母亲的微笑，只有在委屈的时候、落寞的时候、受到挫折的时候才会想起。

这十几年，对于母亲，是从少妇到中年、从风华正茂到两鬓斑白的时光。母亲老了，她为我，为我们这个家的付出，我无法度量。就像茶山上的茶叶，我无法数清。只见橱柜里的药瓶越来越多，枕下的止痛膏一盒又一盒……她用透支生命的方式，用爱与包容去垒砌这个家的砖砖瓦瓦，打理着零零碎碎。没有妈妈，哪来如今这个安稳的家？

眼睛一片湿润。望着茶山上妈妈的背影，我仿佛又回到了那个在茶园里疯跑的年代，那时的她，身轻如燕，手快如梭。

三

母亲倒下了，在二〇一三年九月十三日。

那天秋雨绵绵地下，母亲和婶婶们难得在家里聊家常，忽然，母亲一阵眩晕，昏迷不醒。

铁打的身体终于经不住长期的内耗，轰然倒塌。几经周折，被确诊为脑瘤后，10 月 11 日，母亲在合肥被推进手术室的大门。清楚地记得那天早上，母亲喊我帮她洗了澡，换上了干净的病服。我搀扶着她，紧张得不敢说话，但还要故作镇静，逗她说：“妈，别怕啊，你看剃个光头也挺好看的，也许还能再长出黑黑的头发呢！”她看着镜子中的自己，紧紧皱着眉。当护士推着手术床走进病房接走母亲时，她死死地拽着我们兄妹几个的手，把站在病床前的我们，一遍遍地看过来，又一遍遍地看过去，貌似平静的外表无法掩饰内心巨大的恐惧。那时，我分明看到爸爸红红的眼眶中隐藏的泪水，我分明感受到母亲的眼里有着最深沉的不舍。

经过世间最难熬的六个小时，母亲头颅上插满了血管，被推出手术室。在术后的几天中，她都沉默不说话，静静地看着药水慢慢注射进自己的身体，看着左右的病友们绑着绷带不住地呻吟。她开始憧憬好起来的生活，“等好了，家里的事也慢慢放一放，只种点菜，茶山就包给别人吧，家里条件也好些，你们都出来了，我也可以省省心了……”她非常不舍，却又无可奈何，那些耕种了大半生的土地，就这样被放下了。

之后，母亲的生命又维持了一年零九个月。最终，她永远地离开了我们。我帮着奶奶给母亲最后一次用艾水擦拭着身体，穿好寿衣，父亲坐在床边哭成了泪人，心痛得无法呼吸。六年了，石板冲还是那个石板冲，家门前的万年青还是没长高，可是门联由白到绿到黄，家乡变成了回不去的故乡。

昨夜又在梦中见到母亲，还是在一个依山的地方，还是记忆中的那片茶园，还有几颗盛开的彼岸花，母亲背着一个竹篓慢悠悠地走，突然一片黄叶落下……我知道，这是心里的伤痛一直在提醒我，其实思念从未停止，而逝去的永远难追。

王业旺

一杯茶

一

非草，非木，非花。它独有一个名字：茶。

朴素于尘世，却又脱俗于尘世。一茶一马，就有了茶马古道，古意绵长，余香悠远。

一禅一茶，就有了禅茶一味，空灵清幽，禅房草木，天高地阔。

尘世之中，尘世之外。难悟一杯茶的禅机。《星云说禅》中有一禅宗公案，却也有趣，今录于此：

稽山章禅师还是一个小小的云水僧时，在投子禅师座下参禅，并领了柴头的职事。有一天，章禅师完工之后，在庭院里碰到投子禅师。投子禅师以一杯茶慰劳他，一面斟茶，一面问道：这杯茶如何？章禅师双手接过茶后，说道：一杯茶，可以说森罗万象都在这里。投子禅师道：森罗万象都在这里，如此说来，这是一杯非比寻常的茶，假若随随便便喝下去，谁知有何严重的后果？稽山章禅师有恃于自己对禅的心得，在禅师尚未说完话时，突然把茶泼到地上，并且严厉地说道：森罗万象在什么地方？章禅师自以为表现了灵敏的禅机，而投子禅师这时平静地说道：可惜！一杯茶。章禅师转话锋，道：这只是一杯茶。投子禅师不放过章禅师，以他的话重复道：虽是一杯茶，森罗万象都在这里！稽山章禅师终于无话可说。

一杯茶的内涵，很不简单。从一粒种子到一棵茶苗，要不断地吸取阳光雨露和泥土中的养分，然后采摘、杀青、成型、烘焙。可以说一杯茶汲取了天地万物的精华，岂非森罗万象都在其中？谁能说尽这一杯茶中的森罗万象，如此喝一杯茶的后果岂不严重？

一杯茶的禅机，谁也悟不透。

二

拿一杯茶说事的不仅仅是和尚，更厉害的是皇帝。

在宋以前，朝廷议事，设案举茶，坐而议政，大臣与皇帝是平等的。“黄袍加身”的赵匡胤“杯酒释兵权”，解除了武将对赵家皇权的威胁之后，又瞅上了这些趾高气扬的文臣，想着自己每每被弄得下不得台的样子，气就不打一处来，得整整这些家伙，不然我皇家的颜面何在。赵匡胤就是赵匡胤，眉头一皱，计上心来。

某天，赵匡胤召宰相范质等朝廷要员在朝中议政。召见之初，设座赐茶，与之“坐而论道”。范质行礼完毕刚要坐下，赵匡胤就说：“朕近日有些眼花，看不清东西，烦请爱卿将奏折拿到朕面前。”趁范质上前递折子的空当，早已受命的内侍便把宰相的座位与茶全部撤走。范质回身欲坐，发现座位与茶都不翼而飞，只好站着搭话。从此以后，大臣们上殿议政也只能站着了。这就是“废座撤茶”的由来。

当然，如果皇帝给某位臣子“赐座啜茶”，对大臣们而言，就是一种荣耀和奖赏，如此一来，得到皇帝所赐御茶便成大臣们梦寐以求的事。皇帝要的就是这个效果，因而“赐茶”成了笼络人心的妙招。

拿一杯酒让武将交出了兵权，拿一杯茶在文臣前立威，又拿一杯茶笼络人心……一杯酒，一杯茶，皇帝玩得如此顺溜。

乾隆皇帝曾和大臣们说“国不可一日无君，君不可一日无茶”，乾隆也是玩茶的高手。

悲欢离合一杯酒，人情冷暖一壶茶。

三

《红楼梦》第二十五回，王熙凤给黛玉送去暹罗贡茶，黛玉吃了说好，凤姐就乘机打趣：“你既吃了我们家的茶，怎么还不给我们家作媳妇？”林黛玉红了脸，一声儿不言语。

以茶为娉，又称为“茶定”。

李渔小说《十二楼》中的《夺锦楼》说的是奇丑无比的鱼行老板钱小江与丑妻边氏生了两个极为标致的女儿，可是夫妻俩却像仇人一般：钱小江把女儿许人，不告诉老婆；边氏要招女婿，又不与丈夫通气。两人各自瞒天过海，导致两个女儿“茶定”了四家，闹出官司。

茶中也有颜如玉。

宋真宗咸平初年，丁谓为福建转运使，监造贡茶，精工制作40饼龙凤团茶进献皇帝，获得宠幸，封“晋国公”。

据《苕溪渔隐丛话》记载，宣和二年（1120），漕臣郑可简创制了一种以“银丝水芽”制成的“方寸新”，这种团茶色如白雪，故名“龙园胜雪”。献给皇上后，郑可简即因此而受宠，官升至福建路转运使。后来，郑可简又命他的侄子千里到各地山谷搜集名茶奇品，千里后来发现了一种叫作“朱草”的名茶，郑可简便将“朱草”拿来，让自己的儿子待问去进贡。果然，他的儿子因贡茶有功而得了官职。

茶中也有黄金屋。

北宋元丰二年（1079），东坡守杭，褐拜一寺院，未报家名。方丈曰："坐，茶。"方丈近观，见是秀才，曰："请坐，敬茶！"东坡颔首恭谢。寒暄数语，方丈曰："尊姓大名。"东坡曰："鄙人苏东坡。"方丈乍惊，大文豪也，曰："请上坐，敬香茶！"别时，方丈求联。东坡挥毫：

坐，请坐，请上坐。
茶，敬茶，敬香茶。

一杯茶，人情冷暖，世道炎凉，尽在其中。一杯茶的滋味，何尝不是人生的百味。

一叶一芽，吸天地之灵气，纳日月之精华。在山岚雾霭中绰约生姿，经风霜雨雪而自芳，于尘世中餐风饮露，那岁月的风霜与人情世故便都一点一滴沁入了生命。

四

30年以前，我们乡下喝的茶基本上都是黄大茶。那时候喝茶，没有什么讲究，抓一把茶，放在茶壶里，开水一泡，作为茶娘。喝茶时，在大海碗里倒半碗开水再冲入茶娘。一碗橙黄透亮的茶，顺着喉咙咕噜噜喝下。

那时，交通不便，走亲，访友，串门，靠的都是走，进门一碗茶，比什么都好。在水中、唇齿间可以读出亲切的乡音乡情，滋润彼此的心灵。

特别是炎热的夏天，劳作归来，汗如雨，嗓生烟，倒上一碗用茶娘冲泡的微温的黄大茶，如同牛饮，咕咚咕咚地几碗下肚，那声音也许不怎么动听，那姿态也许不怎么雅观，但那个爽快无法形容。

这泡在水里的乡愁，透着草木的清香，家乡的体温。现在想起来，仍然是别样的韵味。

五

家乡岳西位于大别山腹地，是一个纯粹的山区县，也是产茶大县。坡地幽谷之中，生态环境得天独厚。山峦起伏，云隐隐、雾漫漫，雨滋露润，生长的茶叶芽肥叶壮，鲜嫩碧绿，清香四溢。数十年前，茶是上好的茶，却卖不出上好的价钱。

在政府的扶持下，岳西茶人几十年不断努力，不停地研发、创新，丰富茶叶内涵，提升茶叶品质，终于打出了岳西茶叶独有的品牌——“岳西翠兰”。

此后，“岳西翠兰”获得了一项项殊荣，一顶顶国字号桂冠。“国家地标保护产品”“中国驰名商标”……这一系列荣誉，标志着岳西茶产业已坐在全省乃至全国产茶大县的前排。岳西翠兰已成为岳西县对外的一张靓丽名片。在脱贫致富奔小康的道路上，这个曾经也是国字号的贫困县出现在全国率先脱贫的序列中。一杯翠兰茶，在其中的重要角色不言而喻。

一杯茶，叩响幸福之门。

熊凤霞

一杯春露暂留客

“茶者，南方之嘉木也。”唐代的“茶圣”陆羽在他的《茶经》中这样开篇述茶，意思是说，茶，是我国南方的优良树木。这种优良树木在拥有苍松翠柳、虫鱼花鸟、瀑布流泉、屋舍田园、云牵雾绕的天然氧吧——岳西县被滋养得汁浓叶翠，香醇回甘。

好山好水出好茶，这是如今岳西人的自信。但好茶也有过身处深山未被人识的烦恼。我对岳西茶初始的记忆，是在一个稻子成熟的季节。

炎炎烈日下，木梓树叶摇得欢快，簌簌作响。木梓树下裁缝爹喊一声“喝茶啦！”，稻田里的五叔三婶小嘎子都露出头，乐呵呵将镰刀往田埂上一扔，奔到木梓树下乘凉歇息喝茶了。裁缝爹拎着早拔了瓶盖茶水已凉下半截的水瓶往大家伸过来的搪瓷缸里一一倒茶。“真热呀，渴死了，给我多倒点，多倒点。”小嘎子手摁茶瓶边往搪瓷缸里倒茶边叫唤着。

“喝个茶也抢似的，少了你的？茶里放盐——惹人嫌（咸）。”三婶朝嘎子轻踢一脚，小嘎子端着茶碗跳起来躲闪，引得茶水晃晃荡荡，泼泼洒洒的。“这大热的天，茶大碗大碗地下肚，才痛快啊。”小嘎子用袖子一抹嘴边流下的茶水，撂竹竿似的将自己撂倒在木梓树叶遮挡的阴凉地上，四仰八叉地散着热，嘴里咕哝着：“哎呀，好茶，就是没人识啊。看人家六安瓜片，那才叫有身价呢。”

小嘎子喝茶后四仰八叉躺下那个舒坦劲，令我羡慕不已，同时，他嘴里说的那个“没人识”“身价”，也让那时的我对家乡茶充满了好奇。只记得那时候家里来了客人，一定会倒大碗的茶给客人喝。城里的姑姑回去，爸妈必定会送几斤茶叶。每天早上去水井打水烧茶，都是先抓一把茶叶放进去再灌开水。每次我们姐妹出门干活，爸妈都会叮嘱不要忘了带上一瓶茶去地里。干活靠天色判断时间早晚的妈妈，从天不亮干到半下午才回来，常常就是吃一碗茶泡饭。

这样说起来，茶好像与我息息相关，那时的我却没有意识到“我们的生活离不开茶”这回事，只是照祖辈的习惯饮用着它，从不以为金贵。不以为金贵，因为它是极普通廉价的黄大茶，味虽好，貌却不扬，早已融入我们的生活，是司空见惯的存在。

后来知道茶金贵，是因为村里号召村民们开山种茶，卖一季茶就可以维持一家大半年的开销。不仅漫山遍野栽种上了茶树，田里地里也栽种上了茶树。为了给这些金贵的茶树日后充足的养分，许多人家大人小孩齐上阵，将栽种茶树苗的坑挖得有黄牛腿深，填进去厚厚几层植物，等腐烂了好给上面的茶树当肥料。

村里的茶树多了，摘下来的茶叶不再各家自己做自己喝了，而是直接卖到村里的合作社。各家地边镶的几棵老茶树变成了漫山遍野成片的有机茶园，制茶工艺也由纯手工变成机器炒制，我们喝的黄大茶摇身一变成了不仅香气四溢而且形状好看的绿茶。

绿茶的出现，让村里人开了眼。茶制干了，还是那翠绿娇嫩的模样，拿开水在玻璃杯里泡开，就像屋后山上开的那一朵朵迎风的兰花，飘着持久耐闻的香气。绿茶的出现，也让村里人种茶的信心更足了。采摘的新鲜茶草可以自己加工，也可以直接拿去卖，卖了茶叶手边就有了现钱，手边有现钱的日子才叫踏实。村里人更加珍惜茶山上绿油油的茶，精心培植，真心爱护，因为他们坚信，只有持续得到滋养，茶的品质才有保证，踏实的日子才有保证。

从前的小嘎子入赘到女方家办起了农家乐，如今变成了王老板。为了吸引游客，他办起了私家茶园，让游客们体验与茶亲密接触的乐趣。或采摘或制作，特别是冲泡，一杯绿茶让游客无比快乐。热水咕咕冲下去，雾气瞬间在光影里升腾缭绕，泡茶人的笑也在雾气里变成一股温润的光，照进游客们的心里。游客们用火辣辣的眼神，拽住壶口那缕最有生气的雾气，一直延伸进茶杯。只见在热水阵阵暖流的包围下，茶叶先是左拥右挤，然后慢慢舒展，袅袅如舞女，羞怯似新娘，缓缓打开自己的身姿。随着茶水越来越清亮绿翠，朵朵娇艳如兰的茶便立在杯中。它们有的一阵飞升，直到把头触到水面；有的作嫦娥奔月状优雅上浮；有的却齐脚立在杯底，似一座座削尖的山峰。

茶色渐浓，春天草木的清香，时雨时雾的温润，山间野味的微苦回甘，充盈着游客们的心肺肝肠。闭目体会一番，睁开眼感叹，喝上一口好茶，有如在山水之间行走一回，神清了，气爽了，周围安静了。

一杯春露暂留客，两腋清风几欲仙。游客们饮了一壶好茶，当即决定这几天吃住在王老板家。为了让游客们不虚此行，王老板兴高采烈地带游客们去看茶山了。修剪齐整的茶园，或在山岗上，或在山坳里。层层叠叠的山里，层层叠叠的茶。

漫山的新茶，一茶树一茶树，一山丘一山丘，一山坳一山坳地蔓延开去。有游客说，她要躺在茶园高大檫木下的石块上小憩，看蓝蓝的天、洁白的云、摇曳的花，轻嗅这漫山遍野的草木花香。

淡中有味茶偏好，清茗一杯情更真。人在草木间，茶也。一杯淡茶，却是热气腾腾的人间烟火，是联结山间与人间的精灵。蒲松龄用一盏茶，收集天下故事，成就一部《聊斋志异》。王老板们也想借一碗茶，留住游客们的心，做好农家乐。说到底，一碗茶，不仅是一碗茶。

许金霞

梯岭烟坡翠兰香

簇簇春英摘露光，梯岭村前火煎尝。

吴僧漫说鸦山好，翠兰茗香国宾尝。

唐朝郑谷当年若有幸来岳西，《峡中尝茶》也许就有上述文字了。

“国宾礼茶”“岳西翠兰”发源之乡姚河，青山叠翠，茶园满坡。自唐宋以来，居民多以种茶为业，卖茶为生。灵山多秀色，空水共氤氲，姚家河水如一缕飘带舒卷起伏，亭台楼阁依于碧水白云之间。梯田层递、吊桥悠悠，乡村如画、年华似锦。

“茶”乃人在草木间，产茶之乡当然人杰地灵。梯子岭、香炉冲、沈桥、笔架山、南天门……地名里自带无限诗意。这里的茶树是古老的，仅竹山古茶园，树龄高达数百年的“茶寿星”就有100多株，虬曲苍劲，犹如坐禅高僧。吸深山四季之精华，年年抽枝蓬勃，新芽饱满凝碧。

姚河最好的茶在“香炉冲”，品质极好的又在“龙王凸”。茶园海拔700米左右，土壤纯黄，四季云雾缭绕，制出的茗茶汤如碧玉。初饮清香扑鼻，再饮甘入肺腑，三饮四饮齿颊香醇久不肯散。每到茶季，各方雅客慕名云集，品尝选购上好的新茶。村部修建了品茶亭、茶文化广场和茶文化墙，手工制茶人刘会根的传统工艺入选省级非物质文化遗产名录，当地的茶文化产业日益繁荣。

爱茶者皆雅，苏东坡却是痴，爱茶犹胜于诗词。“不用撑肠拄腹文字五千卷，但愿一瓯常及睡足日高时。”据说他自制的“东坡翠竹”不仅色鲜如新，且茶叶不沉不浮，竖立于汤水中叶卷不散，形如节节翠竹，入口香馥如兰。难道这不就是我们“岳西翠兰”的前世吗？人生如饮茶，细品方有味，茶意如禅意，淡泊自深远。姚河这样一个悠久的茶文化之乡又是怎样一个特色之地呢？

我有幸受邀参加“姚河乡首届茶文化旅游节”的开启庆典，在春风浩荡的翠兰之乡，与三五好友一起畅饮春色，亲近这片芬芳的土地。为感受不一样的茶乡夜色，大家提前一天抵达。晚饭后，同行的两位美女赶回梯岭老家团聚，我们另外三人沿着宽阔的水泥路漫步聊天。当晚月华如水，繁星满天，看四野山峦如黛，居民灯火点点如柱，夜色中脚步飘忽轻曼，仿若误入缥缈仙境。两位摄影大师仰望星月交辉的明净夜空，不时惊叹“太漂亮了！”“空气如此通透！”走出好远，又返回宾馆背来相机拍摄星河大片，感叹不虚此行。

茶文化节启动之地在梯岭村部。一大早，我们在美女琴的带领下赶赴梯岭最大的茶园。车子沿环山水泥路直达顶部的观景亭，云雾缭绕的茶园已在晨光中缓缓苏醒，露珠晶莹，苍翠欲滴，千万树枝叶正“刷刷刷”绽放新芽。俯瞰整片茶园，方圆800余亩，随着山势跌宕起伏，曲线婀娜丰满。一垄垄、一弯弯，仿佛曼妙少女的裙裾随着音乐轻轻摆动。我和琴早就欣欣然穿上红碎花斜襟采茶服，扎起头巾，腰背竹篓，俊俊俏俏做一日乡村采茶女。诗词歌舞样样在行的萍姐，端着个大大的单反，忘我地穿行在绿海里抢拍镜头，在光与影的交织中追赶着一幅幅唯美画面。

梯岭搭起了盛大的舞台。彩绸追逐灯笼嬉闹，音乐漫卷高空飞扬。我们从薄雾笼烟的晨曦走向明艳奔放的丽日，从绿深如海的茶园走到雕花琢玉的亭台，看盛装的梯岭一如出嫁的新娘风情万种，款款开启“茶香徐来·梦缘姚河”的时代华章。各方雅客儒士寻着国宾礼茶的香气而来，慕着以茶结缘的心意而来，踏着春天轻盈的步伐，相聚在这个莺歌燕舞的秀美乡村。

濯壶清泉煮新茶，诗酒趁年华。这一天，梯岭的阳光格外热烈，杨柳浓荫里，家家户户捧出上好的新茶，洗净光洁的杯盏，用沸腾的山泉水冲泡出碧玉琼浆，热情地招待一批批尊贵的客人。我们循着阵阵茶香走进轩宽院大、绿化美观的茶厂，只见大大小小小的竹匾和篾篓里，铺满绿茵茵的翠兰，两叶一芯，条形优美，芳香浓郁。制茶人告诉我们，这是最后一道工序，将制好的新茶架在栗炭火上慢慢地烘焙，既让茶叶彻底收潮，又融入炭火的味道，茶香比机械制作的更具特色。禁不住轻轻地捧一把在手，闭上眼睛久久地沉溺于这阳光雨露、云雾烟火交织的草木之香！

仿佛阔别前世今生，仿佛跨越千山万水，这缕缕清香唤起了久已沉睡的记忆。在春风微醺的茶园里，你正青春我年少，你澄澈的双眸映进我粉红的春衫，从此心思涟漪，总也走不出那片梦幻的茶园。一身红装等老了岁月，却在这捧茶香里蓦然绽放！

“流云遮半谁闻一抹天香 / 翡翠绿气如兰草芳 / 山岚水雾霜露浸染 / 巧手采遍世外清裳 / 巷子弯弯人间春色回荡……”，盛典舞台上，一曲《翠兰说》悠悠描摹着茶乡情思，“我提笔邀明月对赏 / 芳香悠然泼墨文章！”

叶胜梅

茶　缘

夏日的午后，还没从困倦、慵懒中清醒过来，照例泡一杯岳西翠兰，提神醒脑。透明的玻璃杯中，茶叶如青葱少女，广袖轻舒，又似兰花绽放，芬芳馥郁。氤氲的雾气中，往事一幕幕浮上心头。

最初喝茶，只有五六岁年纪。印象中，大人们去田间劳动，生产队会就近安排一户农家供应茶水。供茶人家，早起要烧一锅开水，抓上两大把茶叶（俗称黄大茶），放进一只很大的瓦壶里。墙角，有一个砖砌的池子，用炭火或草木灰暖着。大人们中途休息，坐在树荫下抽烟、喝茶、聊天，倒一碗不冷不热，如香油一般浓浓的大碗茶，咕噜咕噜喝下，既解渴，又解乏。有时还在茶壶里加放一点晒干的生姜皮，更是回味无穷。我们在田地里待腻了，就跑到附近人家去玩，蹦上跳下，登高爬低。当我们灰头土脸、口干舌燥地从床底、柜顶、房前、门后钻出来时，也学大人样喝几口茶，顿时口舌生津，神清气爽。疯玩后，常会受凉感冒，母亲就用生姜、茶叶和盐，在锅里细细地炒，炒到焦煳味，煎水给我们喝。睡一觉，蔫头耷脑的我们又变得生龙活虎。神农尝百草，日遇七十二毒，得茶而解。茶最早的功效就是药用。

年岁渐长，对茶叶了解逐渐增多。“南方有嘉木”，清明前后，茶树经过一个冬天，养精蓄锐，吸天地之灵气，纳日月之精华，枝头上陆续长出了嫩绿的叶子。清晨，母亲挎着小竹篮，细心地把它们一片片采回来，摊在簸篮里，叶片闪着晶莹的露珠，蓄着草木的芬芳。晚上，母亲先用大火把锅烧热，除去油烟味，再把叶子分批放进锅里杀青，不停地揉搓、翻炒，父亲则负责揉捻、烘干，茶香弥漫在每一个角落。这情景让人不由得想起明代县令王毗翁的诗：“露蕊纤纤才吐碧，即防叶老采须忙。家家篝火山窗下，每到春来一县香。”茶叶分期分批采摘制作，用不同的铁筒封装，标上日期。细茶，留给父亲和客人喝；粗茶，每天早晨抓一把放进水瓶，灌上开水，供全家饮用。茶，作为一种文化，一种习俗，一种礼节，渗透在生活的方方面面。客人进门，首先要倒茶，用双手奉上；路人口渴，讨杯茶喝，须满口应承；嫁闺女，新女婿上门，丈母娘要“烧茶”；娶媳妇，婆家要备足“三茶六礼”；养外孙，若不便问生男生女，看一眼报喜的礼品便知：茶叶，男孩；丝线，女孩。

与茶叶真正结缘，是在农委期间从事茶产业工作。与专家们夙兴夜寐、荣辱与共的日日夜夜，如同开启了一扇明亮的窗户，让我的认知不再停留在道听途说，让我的世界变得丰富多彩。说起茶环境，我会想到神奇的北纬三十度，想到大别山腹地的岳西，千峰竞秀，万壑争流，云雾缭绕，恍若仙境；说起茶历史，我会想到陆羽《茶经》就曾记载，岳西古属寿州和舒州，唐代以来就是贡茶核心产地；说起茶品牌，我会想到“岳西翠兰”先后被授予中国驰名商标、中国国家地理标志认证产品，并跻身国宾礼茶，摆上了梅德韦杰夫的案头；说起茶基地，我会想到山坡上、幽谷中，到处都是翡翠般的茶园，套种着兰花、桃花、梨花、樱花，想到海拔高、日照短、温差大、空气清新、土壤肥沃；说起茶制作，我会想到一排排标准化厂房，一套套先进的生产设备，想到手工制作工艺入选非物质文化遗产名录；说起茶品质，我会想到天然、绿色和有机，想到芽叶肥壮、翠绿鲜活、兰香入味、汤色绿亮、鲜醇甘爽。得天时、地利、人和的岳西翠兰，如一颗新星，在深邃的夜空中，闪烁着耀眼的光芒。

茶叶，如朝夕相伴的老朋友，睡前、饭后、旅游、居家、看书、运动，茶不离口，杯不离手，让我养成了宁可食无肉、不可饮无茶的习惯。与外地亲朋交往，表情达意的最好方式是送一盒岳西翠兰。虽然早已调离农委，若介绍岳西，还是对茶叶情有独钟，津津乐道，如数家珍。“万丈红尘三杯酒，千秋大业一壶茶”，几十年浮沉，看淡了功名利禄，窃以为，最理想的生活是：“白云生处有人家，伴松伴竹远繁华。无为不恋俗尘事，轻煮岁月慢煮茶。”

朱东升

翠兰情

“茶者，南方之嘉木也。”

这是《茶经》的开篇之言。茶树多生长在南方，广义的南方应该是指秦岭、淮河以南。南方多雨水，山间多云雾。岳西地理位置优越，为茶业生长提供了得天独厚的环境。

我素来把沏泡的茶视为一杯灵性的水，飘逸、清新、雅致，如同纤尘不染的仙子。茶分灌木和乔木，岳西茶树多为灌木。灌木丛中那最珍贵的细蕊嫩芽，饮风餐露，超凡脱俗，是饱受烟尘熏染的世俗之物所不能比的。所以，我一直认为，茶是矜持、高洁的，既有出世的禅意，又有入世的情怀。

茶饮久了，便成习惯。若哪天没泡上一杯，就觉得有一件事情未做似的，心有不安。

其实，喝茶跟下棋一样，一日走不到两着，心里空落落的。这是一种习惯使然。唯此，每日清晨，待水煮沸之后，泡上一杯，置于案几，翻阅诗文，看茶香袅袅，涤荡心胸，心境自是愉悦，个中滋味，很难用言辞说透。离不开倒是真的，也许这就是一种翠兰情吧。

饮茶，我喜欢一个人静静地坐在书房里，一杯茶，一本书，边读边饮。书是一个诚实而又有思想的朋友，常给我惊喜，它是我生命中的一部分。茶也一样，给我安静，让我略显浮躁的心慢慢平和下来。每天，我只要在书桌前坐下来，有书相伴，有茶相随，无论外面的世界多么喧扰，心都会在不知不觉中趋于平静，书和茶都成为我的挚友。

出门在外，总觉得，还是家乡的翠兰入口。岳西翠兰，出自深山，借高山云雾，吸日月之精华，涵大地之灵气。不论茶草，还是烘制的干茶，都清香四溢。作为国宾礼茶的岳西翠兰，清香灵韵，享誉省内外，走进人民大会堂，真是不虚此名。

无论我身处何方，去往何处，总要随身携带一小盒家乡的翠兰。一次去长沙，出门心切，竟忘了带茶叶，要不是好友备好家乡的翠兰，怕是一夜未眠了。又因城里的水，碱味太重，喝不惯，加上一点茶叶，会好很多。要是我们家乡山泉水泡出的翠兰，那口味必会大大提升。

“精茗蕴香，借水而发。”泡茶，水质也影响到茶质。《红楼梦》里茶道高手妙玉给贾母等人泡“老君眉”时用的是特意收集的“隔年的雨水”，待到与宝钗黛玉喝“梯己茶”时，用的却是五年前“收的梅花上的雪”。“秋水为上，梅水次之……雪为五谷之精，取以煎茶，幽人清贶。”（《考槃余事》）可见妙玉用水之精之苛。喝惯了岳西翠兰，别的茶很难占据心灵的高地。“品岳西翠兰，家的味道！”这好像是一句广告词，事实也确实如此。品茶是一种习惯，品岳西翠兰更是一种习惯。

我一介书生，办公室里几位同事，多为“白水先生”（此为戏称），就我一人喝茶。我常从家里带来翠兰，每天去学校，执壶烧水，总要泡上一杯。拧开杯盖，看茶香氤氲，满室散香，那心境非同一般。抿一小口，沁入心肺，心里无比豁达通畅。我想，人间美事莫过如此。每每客人如约而至，我总要递上一杯绿茶——岳西翠兰，客人看我泡茶的诸多讲究，甚为羡慕。一杯水要分几次入杯，一杯茶要分几道工序才能入口。茶叶精致，清汤渐渐变绿，茶叶在舒展间沉浮。客人见此，总要夸上一两句：你哪来这么好的茶叶，简直醉倒我也！我卖官司似的，回应客人：要好茶，来岳西，包你满意！客人嘿嘿一笑：你这广告打到我这儿来了。

作家三毛说："人生有如茶，第一道苦如生命，第二道甜似爱情，第三道淡如清风。"清清灵灵一撮茶泡在水中，"焕如积雪，晔若春敷"，沁人心脾的清香味顿时弥漫了整间小屋。作家的话很耐人寻味，她能品出茶之道。

有人巧喻：绿茶如同清纯自然的小姑娘，普洱却是饱经风霜的老学究。若以字喻，则绿茶如行书的行云流水，普洱如魏碑的老成持重。我赞成这个观点，我喜欢家乡的翠兰。她可爱、清纯，具有活力，彰显朝气。品之，清香绕鼻，润肺入心。

岳西翠兰，我绕不过的家乡味。

后记

崔栋梁

地处大别山腹地的岳西，自古产好茶，岳西人也一直有以清茶待客的传统。

到了唐代，舒州、寿州茶已负盛名，岳西其时分属舒、寿、庐三州，所产茶叶运至长安。宋代茶叶由政府专营，设十三场交易茶叶。位于今岳西县温泉镇境内的舒州罗源场，为十三场之一，岳西茶叶在当时地位之重可见一斑。民间把岳西茶叶的历史，记载在古道、茶亭和戏曲诗词里。最具代表性的是“茶禅古道”（潜山—司空山），“潜六茶路”（潜山—天堂镇—六安），以及60多座茶亭。岳西高腔《采茶记》已有300多年历史……这些是岳西翠兰的前世。

岳西罗源场，千年茶飘香。

新时代赋予岳西茶全新的元素，岳西茶也有了自己新的追求和担当。在传统的基础上创新，发挥现代科技和雄厚资本的优势，把更多更好的岳西茶奉献给社会，是今日岳西人的心愿。这些年来，我们不敢懈怠，脚踏实地种茶做茶，使岳西翠兰成为国家地理标志产品，成为国宾礼茶，也让省内外乃至国内外更多的人，品尝到岳西茶，认可岳西茶。岳西现在有了自己的龙头茶企业，“罗源场”成了岳西茶叶的重要品牌。做产业链，制品质茶，岳西翠兰、舒州鹅黄（黄茶）、舒州红（红茶）、群山翠（炒青）等系列大品牌，终将走出岳西，走出大别山，享誉全国。

岳西茶产业的大发展，必然富裕一方百姓。我们在美丽的岳西，谱写岳西茶叶美好的今生。

古代，品茶者非富即贵。如今，我们要让岳西茶香飘万家。我们正在努力打造的岳西茶产业，是阳春白雪与下里巴人的完美结合。岳西的茶，从现在起，既要登大雅之堂，也要入小室茶馆。书房雅室中的轻妙茶香，与烈日树荫下的粗大碗茶，同为茶道。茶产业是大众的事，茶进万千大众家，是我们的追求，也是岳西现代的茶道。我们殚精竭虑种好茶、制好茶，就是为了让更多的人喝好茶。

炎炎夏日，文人墨客聚集岳西，为岳西茶叶讴歌，是岳西的幸事。汇集此书，以文传茶，是好事，也是盛事。

我从山中来，带着兰花香。

茶香，书亦香。

（作者系安徽翠兰投资发展有限公司总经理）